幻想的奇迹
——技术发明99

主　　编　中国科普作家协会少儿专业委员会
执行主编　郑延慧
作　　者　沈宁华　高立民
插图作者　毕树校　毕克菲　毕克尘

广西科学技术出版社

图书在版编目（CIP）数据

幻想的奇迹：技术发明99/沈宁华，高立民著. —南宁：广西科学技术出版社，2012.8（2020.6 重印）

（科学系列99丛书）

ISBN 978-7-80619-852-0

Ⅰ. ①幻… Ⅱ. ①沈… ②高… Ⅲ. ①科学技术—创造发明—青年读物 ②科学技术—创造发明—少年读物 Ⅳ. ① N19-49

中国版本图书馆 CIP 数据核字（2012）第 190614 号

科学系列99丛书

幻想的奇迹

——技术发明99

HUANXIANG DE QIJI——JISHU FAMING 99

沈宁华　高立民　著

| 责任编辑 | 黎志海 | 封面设计 | 叁壹明道 |
| 责任校对 | 梁　斌 | 责任印制 | 韦文印 |

出 版 人　卢培钊

出版发行　广西科学技术出版社
　　　　　（南宁市东葛路66号　邮政编码530023）

印　　刷　永清县晔盛亚胶印有限公司
　　　　　（永清县工业区大良村西部　邮政编码065600）

开　　本　700mm×950mm　1/16

印　　张　14

字　　数　180千字

版次印次　2020 年 6 月第 1 版第 5 次

书　　号　ISBN 978-7-80619-852-0

定　　价　28.00 元

致二十一世纪的主人

钱三强

　　时代的航船已进入 21 世纪，这个时期，对我们中华民族的前途命运，是个关键的历史时期。现在 10 岁左右的少年儿童，到那时就是驾驭航船的主人，他们肩负着特殊的历史使命。为此，我们现在的成年人都应多为他们着想，为把他们造就成 21 世纪的优秀人才多尽一份心，多出一份力。人才成长，除了主观因素外，在客观上也需要各种物质的和精神的条件，其中，能否源源不断地为他们提供优质图书，对于少年儿童，在某种意义上说，是一个关键性条件。经验告诉人们，往往一本好书可以造就一个人，而一本坏书则可以毁掉一个人。我几乎天天盼着出版界利用社会主义的出版阵地，为我们 21 世纪的主人多出好书。广西科学技术出版社在这方面做出了令人欣喜的贡献。他们特邀我国科普创作界的一批著名科普作家，编辑出版了大型系列化自然科学普及读物——《少年科学文库》。《文库》分"科学知识"、"科技发展史"和"科学文艺"三大类，约计 100 种。《文库》除反映基础学科的知识外，还深入浅出地全面介绍当今世界最新的科学技术成就，充分体现了 90 年代科技发展的前沿水平。现在科普读物已有不少，而《文库》这批读物的特具魅力，主要表现在观点新、题材新、角度新和手法新，内容丰富，覆盖面广，插图精美，形式活泼，语言流畅，通俗易懂，富于科学性、可读性、趣味性。因此，说《文库》是开启科技知识宝库的钥匙，缔造 21 世纪人才的摇篮，并不夸张。《文库》将成为中国少年朋友增长知识、发展智慧、促进成才的亲密朋友。

亲爱的少年朋友们，当你们走上工作岗位的时候，呈现在你们面前的将是一个繁花似锦的、具有高度文明的时代，也是科学技术高度发达的崭新时代。现代科学技术发展速度之快，规模之大，对人类社会的生产和生活产生影响之深，都是过去无法比拟的。我们的少年朋友，要想胜任驾驭时代航船的任务，就必须从现在起努力学习科学，增长知识，扩大眼界，认识社会和自然发展的客观规律，为建设有中国特色的社会主义而艰苦奋斗。

我真诚地相信，在这方面《少年科学文库》将会对你们提供十分有益的帮助，同时我衷心地希望，你们一定为当好21世纪的主人，知难而进，锲而不舍，从书本、从实践吸取现代科学知识的营养，使自己的视野更开阔、思想更活跃、思路更敏捷，更加聪明能干，将来成长为杰出的人才和科学巨匠，为中华民族的科学技术实现划时代的崛起，为中国迈入世界科技先进强国之林而奋斗。

亲爱的少年朋友，祝愿你们奔向21世纪的航程充满闪光的成功之标。

写在前面的话

我们随时随地无不在享受着前人发明创造所带来的恩惠。早晨起床的时候穿在我们身上的衣服，洗漱用的肥皂、牙刷、牙膏，厕所的冲水马桶，做早饭用的微波炉，出门乘坐的汽车、火车……

每一件平凡的东西后面，都有一个不平凡的来历、一段有趣的故事，这本书中讲的就是新器物被发明的故事。

在这99个发明故事里，我们讲述了数百位发明家。他们中间有奴隶，有工匠，有大字不识几个的普通人，也有学识渊博的科学家，林林总总。不过有一点是相同的，他们通过自己的奋斗有了发明，为人类的文明历史做出了贡献，这使我们确信"发明人人可为"。

创造发明是人人向往的，每一个人的头脑里都会迸发出发明的火花，但并不是每个人都能成为发明家。

问题在哪里？回答这个问题并不容易。

故事中的发明家，有幸运的，成为百万富翁；也有倒霉的，最后穷困潦倒而死。这和发明家所处的历史环境、思考方法、个人的知识及素质有关。大多数发明在它一开始的时候不被人们所理解，如刚发明出的缝纫机多次被手工裁缝捣毁，所以发明也是意志的较量，成功的发明家无一不是经过艰苦奋斗的。

不过机遇和条件也很重要，没有一定的社会环境和科学技术发展的支持，发明也是不能成功的。历史上任何一项发明都不是只靠一个人的力量完成的，电冰箱、洗衣机、青霉素、CT机、激光光纤通信、电视

机、计算机等，尤其现在的高新技术产品，都是集体努力的结果。我们讲某一个发明家的故事，只是他在这方面的贡献较大。内燃机的设想，提出将近200年以后才成为现实，是因为当时的技术还没有发展到那样的水平，未能给当时的发明设想提供必需的技术基础。所以，作为一个现代人能否抓住机遇把自己的力量融合到集体的智慧中是很重要的。

这里还讲了不少有关专利的故事。例如，缝纫机的专利纠纷，轧棉机的侵权，贝尔的电话专利只比格雷的早两个小时……不能认为专利之争，纯属私利。专利法保护了正直的发明家，打击了不法狡诈的商人，专利法对于促进发明事业是十分重要的。当然，也有例外，伦琴发明了X光机后，为了全人类的健康，他没有申请专利，爱迪生深受感动，为X光机发明了配套的荧光屏也没有申请专利，这些故事都是十分感人的。

发明和推广的关系也十分重要，成功的发明家都很重视产品的推广工作，苹果电脑的成功是一个极好的例子。如果把发明成果束之高阁或看不起推广销售工作，就是一个失败的发明家。

这是一本讲关于发明故事的书，不是一本技术发明史，更不是发明大全。选材的原则是，有故事便讲，没有的不讲，有趣的有启发性的多讲，没有的少讲。在编排上，我们只大体上将同类，或类别接近的发明归在一起，并没有严格的分类标准；发明年代方面，也大体上只按同类的发明排了一下时间顺序，它不是按年代排的技术发明史，这是要向少年读者说明的。衷心希望少年读者会喜欢这本小书。

沈宁华　高立民

目　录

1 得益于失败

——口香糖

许多小朋友喜欢嚼口香糖，而且对口香糖的口味十分挑剔，讲究牌子，而在过去，人们把一种石蜡放在嘴里嚼嚼就满意了。真正的口香糖是用一种果树的树胶做成的，例如，我们在桃树上能看到一种胶状物，很有弹性，许多果树都能分泌这类胶状物，这就是树胶。

1836 年，墨西哥的桑塔·安纳将军在一次战役中被美军俘虏，获释后解甲归田，他想做点生意维持生活。他看到墨西哥的一种人心果树树胶很像橡胶，而当时美国缺少橡胶，他就想，能不能用它来代替橡胶发一笔财呢？

他把一大批树胶运到美国，并和一个美国商人亚当斯一起进行实验。可是树胶没有变成橡胶，实验失败了，桑塔·安纳负债而逃，而亚当斯却是一个不容易承认失败的人。他在苦苦地思索着这批树胶的用途，睡觉想，走路时也在想。一天，他走到一个药店门前，看到那里出售一种供人们在嘴里咀嚼的石蜡。这件事启发了他，他灵机一动，就和儿子一起把人心果树的树胶做成圆球状，包上漂亮的花纸出售，这就是最初的口香糖。没想到，生意很好，这种口香糖后来被人们称为亚当斯口香糖。

1875 年，企业家科尔甘又在树胶里加入糖、甘草、香精等，制成了芳香型胶姆糖。5 年后又有人往里面加了薄荷，使口香糖又具有清凉爽口的特色。

口香糖的改进和发展，主要是在第二次世界大战的时候。在当时艰

苦的战争环境中，前线的士兵都用口香糖来解闷、驱劳，口香糖还成了滋润喉舌、生津爽口的良药，因此口香糖的需求量急增，一时成为一种军需物资。

但是，战事纷乱，树胶采割受到影响，所以有人开始用人工合成的树脂来代替树胶。大批新型的、口味更好的口香糖产生了，目前口香糖已经风靡世界，成为一种不可缺少的小食品。

俗话说："有心栽花花不开，无心插柳柳成荫。"口香糖的发明正说明了思维需要发散性和灵活性。

2 "神"的食粮和饮料

——巧克力

巧克力这种食品，对于今天的少年儿童，可说是再熟悉不过了：巧克力雪糕、巧克力派、巧克力饼干、巧克力糖……然而，在 500 年前，虽说制造巧克力的可可树早已存在，但对全世界来说，人们真还不知道有这种植物哩！

那是 1492 年，哥伦布发现了美洲新大陆，登上了当地印第安人称为"墨西卡"，也就是今天人们称为墨西哥的地方。哥伦布在他的日记中记载说，这里的印第安人非常尊敬一种叫"可可"的树，他们把可可树的果实当做货币使用，甚至 100 粒可可豆就可以换到一个奴隶。因为印第安人认为可可果实是天神赐给的食粮和饮料，哥伦布很好奇，就带了一些可可豆回到西班牙种植。

真正体验到可可神奇的功能，大概要算 1519 年西班牙探险队的遭遇。探险队队长科尔特斯率领着队员们在墨西哥荒漠上考察，在走出荒漠准备向墨西哥腹地前进的时候，一个个都已又渴又饿，疲惫不堪。正巧碰到一个过路的印第安人，他看见探险队队员处在困境，就打开随身携带的小包，取出一些可可豆碾碎，加水放在锅里煮开，再加上一些树汁和胡椒粉，请每人都喝一杯。

科尔斯特和他的队员端起杯子一喝，才发现那黑乎乎的可可豆水又辣又有点苦，本想不再喝了，但那位印第安人告诉他们喝了以后会恢复体力，就勉强喝完了。说也奇怪，喝了这汤后，每个队员都感到精神十足。印第安人告诉他们，"这是神的饮料，有神奇的魔力。"

探险队队长科尔斯特于1528年从墨西哥回到西班牙，就带了一些这种"神的饮料"献给查理五世作为礼品，不过聪明的科尔斯特想到西班牙人决不会欣赏那种又苦又辣的滋味，就在可可汤里加上蜂蜜，成为甜的饮料，果然很受查理五世的欢迎。作为回报，国王给科尔斯特封了爵士。

渐渐地，可可粉就成为欧洲上层社会珍贵的饮品。随着欧洲殖民主义者向非洲的挺进，1660年，可可树被引种到非洲的圣多美岛和斐南多波岛（现称马西埃岛）。可可园很快在非洲各地发展起来，因为这里的热带气候很适宜可可树的生长。17世纪以后，可可树引种到菲律宾和东南亚的一些国家，20世纪20年代，可可树又从菲律宾引种到我国的台湾和广东热带地区。

可可这样受欢迎，除了探险家科尔斯特创造性地将它改为甜的饮料外，还应该感谢一些食品商人所做的努力。1763年，英国商人汉南特地到西班牙巧克力工场当小工，偷学到了生产巧克力的工艺，又在配方中加入牛奶、奶酪等，生产出"奶油巧克力"。

还有一位名叫豪威的荷兰科学家，他发明了可可豆的脱脂技术，采用机械方法将可可豆粉碎，再在真空条件下用蒸汽脱去其中的脂肪，大大提高了巧克力粉的色、香、味，而且生产方法也进入机械化了。巧克力粉由此成为可制造许多种点心的原料。

至于用巧克力制作的紫雪糕，那是一位名叫纳尔逊的美国商人发明的，1912 年，他在雪糕上涂上一层巧克力，称为爱斯基摩冰砖。一位法国食品商在美国看到这种雪糕，觉得可以效仿，回国后将这种雪糕做了些改进，大做广告，紫雪糕由此成为一种受欢迎的大众化冷饮。

可见，一种食品的开发，往往融进不同国家、不同民族的创造，这也可算做是一种饮食文化吧！

3 为了加快的生活节奏

——方便面

说起吃面条，中国人一点也不陌生，因为面条是中国人发明的。大约在 2000 年前的汉朝，就已经开始有面条这一主食了，因为这时发明了陶磨，开始出现由麦子加工成的面粉。早期的面条，叫做"汤饼"或"煮饼"，方法是将面粉揉成团后，用一只手托着，另一只手向锅里撕面片，其实此时才只是一种片儿汤。面片撕得薄一些的，像一只只蝴蝶似的，又叫"蝴蝶面"

唐朝开始出现了案板、擀面杖和刀，不再用手托着撕面片了，改成吃"面条"。至宋代，面条已经做得很细，到元朝，出现了可以用来请客送礼的"挂面"。

说起面条的吃法，南方北方各有丰富的创造。著名的有四川的担担面、贵州的脆臊面、镇江的锅盖面、东北的朝鲜凉面，还有抻面、刀削面、打卤面、麻酱面等等，各有地方特色，口味都不一般。

然而面条进入现代化的改革却出现在日本，那就是方便面的发明。

日本人喜欢吃面条。面条是在唐朝时由我国传入日本的。但是日本人在明治维新以后，工业大发展，人们的生活节奏加快，再加上日本自己生产的粮食不够吃，从生产小麦的美国进口了大量面粉，这就需要改变原来吃米饭为主的习惯，多吃面粉。按西方的饮食习惯，面粉主要是用来做面包当主食的，而日本人不习惯，相比较而言，更容易接受吃面条，但是吃面条要用火煮，不像面包那样什么时候拿出来都能吃，于是有一家食品作坊的老板动了脑筋：最好能开发出一种不用煮，只用开水一泡就能吃的方便面条，这种食品一定会大受欢迎。这位老板的名字叫安藤百福。

安藤百福很为自己的这一革新思想所激动，第二天就把想法告诉了作坊的员工。没想到员工们对安藤百福的想法没有兴趣，劝他不必枉费心机，那种不是刚煮出来的面条不会好吃，也就不会受到欢迎的。

但是安藤百福对自己的这一想法充满信心，既然方便，肯定会受到需要方便食品的人欢迎。于是他就搭起一间简易工棚，开始制作方便面条的试验。

按说制作方便面条并没有什么科学原理，这位作坊老板的胸中大概墨水也不多，他就按照自己的想法摸索。开始他想，既然要求面条用开水一泡就能吃，那就应当把调料和在面粉里。于是他就把各种下面条的调料调在面粉里，准备轧成面条再蒸熟烘干，肯定能行，谁知这样轧出来的不像面条，却像一团团的米饭。

这是怎么回事？安藤百福想，大概是和进调料的面粉缺少点黏性，于是加进不少鸡蛋，也没有成功。又想是不是混在面里的肉馅太粗，于是只放肉汤，不放肉馅，还是没有能成功。

一次再次的失败，逼得安藤百福想出另外一条出路：将方便面条做出后，吃的时候再加调料不是一样吗？于是他放弃了在面粉里加调料的想法，集中精力思考如何给制成的面条做熟、烘干。他试过用太阳晒干、用热风吹干等方法，觉得费时又费力，而且无法批量生产。

又一个创新的思路出现在安藤百福的脑海里：将面条做成一块块的饼状，再用油炸熟，效果如何？

上机一试，效果不错，油炸后的面块熟了，变干也容易，而且炸后

的面条舒松有小孔，用开水一泡很容易就把调料的味儿吸进去了，很好吃。

1958 年，安藤百福发明的方便面投入市场，这是他经过 3 年时间不断琢磨试验的成果。方便面果然受到了喜爱吃面条、又想图个方便节省时间的日本人的欢迎。

方便面很快就走向了世界，当它作为一种新开发的食品进入面条发源地的中国以后，同样受到中国人的欢迎——因为改革后的中国人，生活的节奏加快了，时间宝贵了，对方便面的需要强化了；此外，方便面的调料多种多样，也能满足各种人的口味。

有统计说，全世界每年大约要消费 120 亿份方便面，这还是几年前的统计数字。虽说是一项没有多少高深学问的创造，却也是一项不可忽视的发明。

4　"黄金国"里的食品

——冰激凌

有许多人认为冰激凌是西餐，但是在《不列颠百科全书》中却说冰激凌是从中国传入的。

宋代诗人杨万里对一种叫"冰酪"的冷食这样描述过："似腻不成爽，才凝又欲飘，玉来盘底碎，雪到口边消。"这种松软细滑的冷食，不是和现在高档的冰激凌一样吗！

远在 3000 年前的商代，人们就有把冬日的冰雪储备起来供夏日使用的做法。到了唐朝，在长安的市场上专门有做冰买卖的商人。他们在冰里加上糖，吸引顾客。诗人杜甫的诗里有这样一句"经齿冷于雪，劝人投此珠。"到了宋代，市场上的冷食花样就多起来了，并且把水果加进去；元朝时的商人又把蜜糖和珍珠粉加到冰里，有时还加上果酱、牛奶，其实，这便可认为是最早的冰激凌。元世祖忽必烈时，为了保守制作冰激凌的秘密，特颁布了一道除王室以外禁止制作冰激凌的命令。

直到13世纪，意大利的旅行家马可·波罗离开中国的时候，才把我国冰激凌的制作方法传到意大利。马可·波罗在《东方见闻录》一书里说："在东方的黄金国里，居民爱吃奶冰。"在欧洲，意大利制作的冰激凌是非常有名的，而且方法是严格保密的。马可·波罗所说的东方的黄金国，指的就是中国。

1553年，法国未来的国王亨利二世结婚的时候，从意大利威尼斯请来了一个会做冰激凌的厨师，使法国人大开眼界。在长达34天的婚礼上，每一天都要有一道奶油冰激凌，很受欢迎，但是法国人不知道是怎样做的。

后来，一个有胆识的意大利人在巴黎开了一个咖啡馆，把意大利的冰激凌引入了法国。

过去制作冰激凌，要在严冬里贮存天然冰或从高山顶上把冰雪运下来。1550年，住在罗马的西班牙医生比利亚弗兰卡发现，把硝石或食盐放在雪里，可以使雪的温度降到奶油的凝结点以下，这样就可以大量生产冰激凌了。

1870年，英国伦敦建立了第一座人造冰厂，大批的意大利人来到英国，冰激凌才得以大量生产。

所以，当你在夏日品尝这种那种有着新奇名称的冰激凌时，可别以为它们天生就是舶来品。其实最早的发明是在我们中国。

现在，有了专门生产冰激凌的机器，可以大量的生产。生产冰激凌的配方很重要，我们在家里用电冰箱制作冰激凌的时候，可以购买专门的冰激凌粉。自己制作冰激凌的秘诀是在冰激凌结冰的时候不断地搅拌，使大量的空气进入，这样做的冰激凌才松软可口。

5 薄饼小贩的发明

——冰激凌蛋卷

街上的冰激凌包装多种多样，有纸包装，有塑料盒包装，有一种特别招人喜欢的是用蛋卷包裹的冰激凌，一边吃冰激凌一边吃蛋卷，真是美味无比。

是谁发明了这种蛋卷冰激凌，历史上的记载也不尽相同，不过说的都是急中生智的发明。

美国有一个卖薄饼的人，叫哈姆维，他卖的薄饼是面粉、鸡蛋、奶油搅成的面糊在火上烤成的。哈姆维有一手做薄饼的绝技，他做的薄饼特别薄，脆甜可口。有一天，天气很热，哈姆维刚烤出几炉薄饼就满头大汗了。他一面擦汗一面叫喊："卖薄饼！卖薄饼！刚出锅的热薄饼！"

虽然他的叫卖声都嘶哑了，但是没有一个行人来买薄饼。在他旁边卖冰激凌的生意却十分红火，应接不暇，最后连盛冰激凌的小盘子也用完了，但是排队买冰激凌的人还很多，而且各不相让。

这几天天气不作美，气温这样高，人们燥热燥热的，哪里还有胃口吃薄饼呢！连哈姆维也想吃一碟冰激凌，但是没有碟子了，怎么办？

哈姆维一眼看到被太阳晒干的薄饼，这不正是一些可盛冰激凌的小碟吗！

哈姆维高兴极了，他立刻捧着一操薄饼送到卖冰激凌小贩的手里，并说："请用薄饼来盛冰激凌。"

这个主意立即得到大家的赞赏，用薄饼盛的冰激凌一抢而空。顾客不仅吃下了冰激凌，也吃下了薄饼。这一天不仅卖冰激凌的小贩赚了钱，哈姆维也赚了不少钱。两人约好，明天继续合作。

哈姆维是一位喜欢动脑子的人，他发现，用薄饼盛冰激凌，冰激凌会流淌出来弄脏衣服，十分狼狈。怎样才能让薄饼盛下更多的冰激凌又不流淌呢？

他想了整整一个晚上没有睡觉，最后终于想出一个好办法，就是把薄饼卷成一个锥形，既盛得多又漏不出来。

第二天，一种火炬型的冰激凌出台了，薄饼卷成像火炬的锥形把手，冒出来的冰激凌就像燃烧的火炬。火炬冰激凌大受欢迎，人们争先恐后购买，把哈姆维忙得不可开交。一天下来，哈姆维累得都要瘫在地上了。

"再雇一个伙计吧！"卖冰激凌的小贩提议道。哈姆维想了想说："不是任何一个人都能做出这样好的薄饼来！

哈姆维想到了机器，如果有了一架造薄饼的机器就好了，只要把面粉和调料调好，机器就可以制出大量的薄饼来！

哈姆维经过几年的研究和试验，终于制成了一个能自动制造锥型薄饼的机器。到后来，制造出来的锥形薄饼已经演变成一种又薄又脆的蛋卷形状。

现在我们吃的火炬状的冰激凌，薄饼都是用机器制造的。

从历史上来看，哈姆维也许不是第一个想起来用薄饼盛冰激凌的人，也不是惟一的一个，但是他那锲而不舍的精神是值得学习的。一个好的想法固然很重要，变成可以实现的事物并走向市场，还要克服许多困难，要有知识和坚强的毅力才能实现。

6 冰激凌引发的

——船用外挂式发动机

　　1905 年 8 月的一天，美国的奥利·埃文鲁德同一位名叫贝西·卡西的姑娘要到风光迷人的密执安湖中的一个小岛上野餐，这座小岛离湖岸约 1.6 千米。在碧波荡漾的湖面上荡舟，本是一件乐趣无穷的事。但是，火热的太阳使卡西有些受不住了，埃文鲁德用力地划着小船，终于到了小岛。卡西躺在树阴下说："我真想吃一杯冰激凌啊！如果谁能给我一杯冰激凌，我就嫁给他！"

　　埃文鲁德听了这句话后，毫不犹豫地跳上游艇，因为他实在太爱卡西了。埃文鲁德划到湖边，买了冰激凌立即返回，他奋力地划着游艇，因为天热，冰激凌正在慢慢地融化。无论如何用力，他都嫌船走得太慢。当他大汗淋漓地来到岛上时，冰激凌已经变成液体了。

　　卡西看着埃文鲁德汗流浃背的样子很心疼，虽然没有吃到冰激凌，也很满足。一年以后，他们结婚了。另外，埃文鲁德还有一个收获，就是他在奋力划船的时候，产生了一个极有价值的灵感，他想，如果这时有一艘汽艇就好了。但是再一想，这不现实，汽艇太昂贵了，其实只要制造一种小型发动机，挂在木船的后面就可以了。发动机应该做得轻巧一些，不用的时候可以卸下来，用手提走。这是一个多妙的主意啊！他立即抓住这个灵感开始进行研究和设计。

　　当时他在一家小型内燃机公司做机械设计师，很快就设计制作了一种能挂在船尾后面的发动机。发动机向下伸出一根长长的传动杆，杆的尾端装有一个没入水中向后旋转的螺旋桨。当船要拐弯时，用一个手柄

"要是船上有个发动机，冰激凌就保住了。"

让轻巧的发动机整体左右转动，就可调整方向，连舵轮也省去了，整个结构非常简便、轻巧，而且灵活。

当埃文鲁德把这个发动机借给一个朋友在星期天使用时，没想到马上引起划船游客们的轰动。第二天，这位朋友就带来了一份定购 10 台发动机的定单并付了现金。以后，更多的定单也纷至沓来。

于是埃文鲁德申请了专利，开了一家工厂专门进行生产。他生产的外挂式发动机最轻的只有 6 千克左右，一个小孩也提得动。他们的广告是：

"不用划！"

"用埃文鲁德的发动机把船射出去！"

埃文鲁德后来成为了一个大富翁。

灵感是可贵的，立即实现它的精神是更可贵的。

7　幻想的奇迹

——滑水板与滑水

自古以来，人类就有能在水上行走的愿望，许多神话中描写了在水上行走如飞的仙人。美国 18 岁的青年塞缪尔森是位滑雪爱好者，同时又是一个富于幻想的人。当他穿着滑雪板从山顶上飞速滑下的时候，总想有一天也能这样在水上滑行，但是水的浮力不足以托住只踩着两块木片的人，这怎么办？

于是他试着用一个木桶来滑水，他站在木桶上滑稽的样子，受到人们的嘲笑，说他是一个异想天开的人。难道重的东西真的不能浮在水面上吗？他拾起一块石片，撒在水面上，打起了水漂，只见石片在水面上跳跳蹦蹦一直跑向远方。许多小朋友喜爱打水漂，塞缪尔森也是一个打水漂的好手，他能让石片在水上蹦十几次。打来打去，他忽然明白了，为什么比水重的石片在这种情况下不立即沉入水底呢？是速度使石片还来不及在水面上沉下去，就又跳进了一步。他高兴极了，因为他发现了可以在水上滑行的秘密——速度。

塞缪尔森找来一块松木板，做成了两块长2.44米宽0.23米的滑水板，又让哥哥开上汽艇，汽艇的后面拖着一根绳子，他两只脚站在两块滑水板上，用双手拉住绳子上的木柄，汽艇开动了，越来越快。塞缪尔森紧紧地拉住木柄，他果然轻快地滑过水面。他的愿望终于实现了，这是1922年6月29日发生在佩平湖上的奇迹。

塞缪尔森站在木板上滑水的消息立即传开了，每天在湖边都聚集着许多人看他的表演，又惊奇，又刺激。

一天，塞缪尔森又想出了一个新花样，他决定用飞机来拖他滑水。这件事情轰动了全城，人们都说塞缪尔森在玩命，在找死，但是这次滑水成功了。还有一次，滑水的时候，他的一只滑水板脱落了，他只好用单脚来滑水，也成功了。现在，单脚滑已成为滑水的一种方式。

许多人开始模仿塞缪尔森滑水。40年后，滑水运动风靡世界，成

看！他在玩命！

为勇敢者的运动，并成为一种重要的体育比赛项目。

在历史上，关于滑水的创始人有许多说法，有人认为是挪威人彼得森发明的。1963 年，美国的一个记者马格丽特为此进行了多次采访，并找到了塞缪尔森的第一副滑水板，遂以《幻想的奇迹》为题，写出了有关塞缪尔森发明滑水的报道。

1966 年 2 月，人们正式承认塞缪尔森是滑水的创始人。1977 年，塞缪尔森因癌症去世，为了纪念他，人们在佩平湖畔建立了一个波浪形喷泉，并立了一座有塞缪尔森画像的纪念碑。

8　风靡世界的玩具

——魔方

鲁比克是匈牙利人。他沉默寡言，喜欢思考，从小就喜欢智力游戏。从小学到大学，他一直认为自己只是一个智力中等偏上的人。

鲁比克是学习建筑的，对空间概念和几何形体特别感兴趣，家中摆着各种纸板和木块。一天他用各种颜色纸贴在一些木板上，又用橡皮筋把这些木块联在一起，构成一个立体方形，这就是现在魔方的雏形。他把这些小木块扭来扭去，木块变化无穷，但是橡皮筋经常绷断。于是他思考怎样才能把这些木块联在一起，又不妨碍木块的自由活动，后来他想到了现在的这种联接方式。

鲁比克自己动手又锯又锉，终于用一种极为精致巧妙的方式把 54 块小木块装配在一起，再贴上不同的颜色，魔方就这样诞生了。

鲁比克在扭动魔方的时候，感到惊奇：颜色木块变化莫测，而且很难将扭动后的魔方复原。他计算了一下，如果将魔方随意扭动后，要想使它恢复原状，若每3秒钟转动一次，全世界的人要用3个世纪才能将魔方复原。这使鲁比克感到惶惑，他决心找到一条能把魔方迅速复原的捷径。一个多月的时间里，他足不出户，废寝忘食，最终解决了这个难题。

1975年鲁比克申请了专利，1977年获得了专利权。当时鲁比克不知道日本人和美国人也在研究魔方，日本人石毛的魔方结构原理和鲁比克的几乎一样，美国人尼柯尔斯的魔方是靠磁力来联结的，但他们的专利申请稍晚一些。

魔方虽然发明了，但在国际玩具展览会上第一次展出时，没有人对魔方感兴趣，而且匈牙利的外贸官员还认为魔方没有市场。

这时，英国的玩具专家克莱默发现了魔方的价值，他找到了鲁比克。克莱默对鲁比克说："让我们来创造一个世界奇迹！"克莱默精心策划了在巴黎的玩具博览会上的活动，他组织了魔方的表演，向观众展示了魔方的奇妙，并介绍了鲁比克复原魔方的方法，结果引起观众的好奇和兴趣，魔方大出风头。

1979年，克莱默和鲁比克与美国的爱迪生公司签订了生产100万个魔方的合同。1980年，魔方热在世界范围内兴起，到1982年，全世界已销售了1亿多个魔方。

销售魔方取得了成功，鲁比克从销售额中提取了5%，变成了富翁。

而匈牙利的工厂，直到1982年才开始忙碌起来，但此时，魔方热已经过去了，他们生产出来的魔方已经没有市场了，制造魔方的厂家负债累累，只好宣布破产，魔方给思维方式保守的匈牙利人上了生动的一课。

9 玩"太空大战"

——电子游戏和电子游戏机

拉塞尔是美国麻省理工学院的计算机软件专家，专门给计算机编制程序，这是一种比较枯燥的工作，每天和那些一般人看不懂的符号打交道，还不能有一点错误。有一次，他接受了一个用计算机绘图的编程工作，这件工作使他兴奋起来。他在计算机的屏幕上画着各式各样的图进行消遣，这件事也吸引了他的同事，甚至对此事着了迷，后来他们制定了一种游戏规则。拉塞尔很喜欢科幻小说，1962 年，他仿照书中的情节编制了第一个电子游戏——"太空大战"，这个游戏很快在大学中流行开了。

1970 年，美国盐湖城犹他大学的一位大学生布希内尔也迷上了电子游戏，但是当时计算机的价格是极其昂贵的，只有科学院或大学中才有，他没有太多的机会在计算机上玩电子游戏。于是他萌发了自己研制一台简单的电子游戏机的想法。他想，电子游戏的构图和动作比较简单，程序不会太长，只要有一定的逻辑判断功能就行，不需要那么复杂的计算机。经过研究设计，他用 185 块小规模集成电路做了一台电子游戏机，用黑白电视机做屏幕。开始这种游戏机操作比较复杂，后来又经过两年的改进，终于制成了一种玩乒乓球的电子游戏机，操作十分简单，操作者不需要有任何计算机知识都可以玩。这种游戏机有一个投币口，只要投入硬币就能使用，这种游戏机被放在大街上供人娱乐，所以又称为"街机"。

1979 年，出现了微处理器，游戏机的 185 块电路板可以变成 1 块，

"哇！真好玩！"

成本也随之大大降低，电子游戏机得到迅速发展，电子游戏的节目也逐渐多起来。1983年，日本任天堂株式会社采用超大规模的集成电路，推出红白游戏机，爆发了一场电子游戏机的革命。任天堂还推出了上千个电子游戏软件，如《魂斗罗》、《超级玛莉》、《俄罗斯方块》等，风靡世界。

任天堂的总裁山内溥是一位精通市场的商业奇才。当任天堂游戏机开始进入美国时，美国孩子的反应是冷淡的。但是山内溥没有理会这些，他在大街上设起了展览橱窗，90 天内，任何人都可以免费玩任天堂游戏机；对代销的商店实行了优惠，可以先卖货后付款，积压的货物还可以退货，这样的优惠条件使大部分的美国商店接受了任天堂的产品。结果山内溥只用了 3 个月的时间，就打开了美国市场，1985 年，有五六百家商店开始销售任天堂的游戏机，第一年他就在美国售出了100 万台任天堂游戏机。

对电子游戏机的作用褒贬不一，电子游戏对孩子有强烈的吸引力，常使人成瘾，各国的家长都对这件事情表示担心。自20世纪80 年代后，由于热衷于玩游戏机而神志不清或者因此引起痉挛的有多个病例发生。最近，日本京都召开的国际临床神经生理会议上，各国的研究人员相继发表了研究成果，因为情况比较复杂，所以尚无明确的结论，但是病因肯定和玩电子游戏有关，所以玩电子游戏要有一定的节制。

10　科技史上的大发明

——万花筒

在一家地毯厂的美工设计室里，每个设计师的面前都有一个圆筒，设计人员一面转动一面往里看，每当看到一幅他认为合适的图案时，就停止转动，把图案描绘下来。

设计师用的圆筒就是儿童玩具——万花筒，他们在用万花筒做设计图案的辅助工具。

万花筒是 19 世纪初英国的物理学家勃罗斯特发明的。他在童年时代就十分喜欢光学实验，一生中把大部分时间都花在他所喜爱的光学上了。一天，他正在用多面镜子研究光的性质，当看到在几面相对放置的镜子里经过多次反射后呈现出来的景象时，他脑子里突然闪出了一个念头，如果在镜子组成的空腔里放上一些彩纸，就会形成一些对称的图案；如果每变动一次彩纸的位置，图案就会变换一次，一定很有意思。但是如何才能使图案不断地变化呢？

经过仔细思考后，他做了一个圆筒，筒壁上放上成角度的三面镜子，彩纸放在筒端留有空隙的两层玻璃之间，这样旋转一次，图案就会变换一次，这就是现在的万花筒。

勃罗斯特一夜之间设计的万花筒竟获得了意外的成功。在 3 个月内，巴黎和伦敦的商店里卖出了 20 万个万花筒。这个一动就能产生一种漂亮的图案的万花筒，算得上是当时的"电视机"了。一旦一个图案消失了，或许要转动几个世纪才能再出现同样的组合，不仅儿童喜欢，成人也爱不释手。

万花筒的发明被列入科学重大发明而载入史册，许多制作精巧的万花筒被收藏在博物馆中。万花筒在人们的手里不断地改进，花样翻新。有的人在万花筒里放上 30 个～40 个像教堂塔尖一样的玻璃小瓶，里面装上油，在油里浸着玻璃粒、细珊瑚片、贝壳末和沙粒。这些密封的小玻璃瓶一动，瓶里的那些闪闪发光的微粒就会升降。除了这些东西以外，有的人还放入扎紧的细丝线、马鬃以及各种螺旋形的、弯曲的小东西，使万花筒转动起来，就像在欣赏一场千变万化的芭蕾舞表演。

现在，虽然电视、各种电子游戏机充斥市场，但是经营万花筒的商人还是满怀信心，他们将用最新的光导纤维和电声元件生产新型的万花筒。

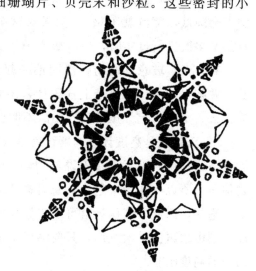

万花筒构成精美的对称图案

11　为什么格外烫

——高压锅

　　现在我们做饭用的高压锅是法国著名的物理学家和发明家帕潘在300年前发明的。帕潘青年时代是英国科学家玻意耳的助手，玻意耳研究气体性质的时候，帕潘经常为他准备实验仪器。有一天，做实验的时候，帕潘被从加热容器中喷出来的蒸汽烫伤了手。烫伤是常见的事情，但是这次烫得特别厉害，帕潘不得不在家里休息。玻意耳来看他，在病床旁，帕潘向玻意耳请教这个问题，为什么他感到这次的蒸汽特别热。玻意耳对他说："这是由于这次加热水的容器是密闭的，水在沸腾的时候受到了压力，沸点升高，所以它的蒸汽特别烫。反过来，气压低时，沸点会降低，蒸汽就不烫。"帕潘对这个解释非常感兴趣，伤好以后，自己又多次进行过实验，果然如此。

　　有一天，玻意耳邀请帕潘同他一起去山上进行一种测量高度的实验，并嘱咐帕潘记住要带上气压计，还要小心别把里面的水银撒出来。为什么一定要带上气压计呢？帕潘不明白。

　　"气压计就是高度计，高度计就是气压计。"玻意耳这样解释，帕潘就更不明白了。玻意耳接着说："地球表面的大气随着高度的增加越来越稀薄，所以气压越来越小，每升高12米，气压计的水银柱高度就减少1毫米，因此，气压计就可以当做高度计使用，在山底下先测一次气压，到山顶再测一次气压，只要测出水银柱下降了多少毫米，就可以算出山的高度啦！"

　　"真是太巧妙了！"帕潘不禁说出声来，他可真佩服玻意耳。一路上他十分小心地保护着气压计。山顶上很冷，但是实验十分顺利，山顶上的气压是 0.67 个大气压，气压计的水银柱下降了 250 毫米，50 乘以 12 恰好是 3000，说明这座山高 3000 米左右。帕潘一面协助玻意耳进行实验，一面想着 0.67 个大气压……啊！他突然好像明白了什么，原来有一次爬山时，帕潘在山顶上煮土豆，煮了很长时间也没煮熟，当时有经验的人告诉他，爬山时要带熟食。这个现象一直困扰着他，现在他想明白了：山顶上煮不熟东西的原因就是气压太低。气压低，水不到 100℃ 就沸腾了，食物没加热到足够高的温度，当然就熟不了。

这突然的领悟，启发了帕潘。回来的路上，他就设计了一个方案：做一个密闭的容器，可以烧水做饭，由于不漏气，里面的压力会因为温度的不断升高而升高，水的沸点升高了，即使是在高山上，也不愁煮不熟土豆了。

1679 年，帕潘制造出第一个高压锅，为了保证一点气也不漏，他还在锅盖的盖沿上加了一层橡皮圈，放进去的老牛肉十几分钟也能煮得稀烂，人称它是消化锅。在一次皇家学会的集会上，帕潘表演了这个高压锅的奇妙作用，受到大家的赞许。但是除了帕潘本人，没有一个人敢用。因为火候一掌握不好，锅里面的压力大于锅的承受力，锅就有爆炸的危险。

帕潘并没有因此而灰心。为了解决防爆问题，本来他想在锅盖上安一个气压计，后来他发现不必这样复杂，只要加一个防爆阀就可以了，当锅内气压达到一定压力的时候，锅内的蒸汽就会顶起防爆阀喷出来，这样就可以减小并维持锅内压力。

现在的高压锅，除了有一个防爆阀还有一个易熔片。当防爆阀失灵，锅内的温度过高时，易熔片会自动熔化，露出一个小孔，及时将压力过高的蒸汽放出，降低锅里的压力，这样就又多了一重保险。

12 世纪难题

——王冠瓶盖

19世纪末，饮料生产商开始用玻璃瓶子装饮料出售，瓶塞便成了一个最大的问题。开始，人们使用软木塞，它价格低廉、加工容易而且无异味；但软木塞容易松动，特别不适宜做啤酒或碳酸饮料瓶的瓶塞，因为瓶内的气体压力很大，瓶塞一旦松了，一瓶饮料就报废了。

那时，大约有1500个关于瓶塞的构思申请了专利，但效果都不理想。这些瓶塞要么会漏气，要么会锈蚀，要么会有异味，要么造价过高必须回收重复使用。

例如，有一种方案是在瓶颈处安放一个玻璃弹子，碳酸饮料的气体压力使弹子卡在瓶颈处，玻璃弹子要经过磨制才能密封；这个弹子非常讨小孩子的喜欢，他们常常打破瓶子，把弹子拿出来玩。另外一种曾被广泛使用的瓶塞由一个橡胶塞子和一条拴在瓶口的金属线环构成，开瓶时把塞子推下去，线环拉住塞子使塞子不会掉到瓶子里去，但这种瓶塞给清洗和装瓶带来很大困难，而且塞子掉进瓶子里不卫生，然而这在当时已经是最好的了。

1885年初，有一位名叫佩因特的工人设计了一种瓶塞，这是一种可重复使用的带外部环架的橡胶塞子。不久他又设计出了世界上第一种不是用软木制成的一次性瓶塞，这种瓶塞实际上是一个装在瓶颈内的橡胶片，瓶内碳酸气的压力向上顶起橡胶片，压力使中间凸起的橡胶片恰好卡在瓶口的棱边上，可以保持密封；还有一层上过蜡的织物盖在瓶口，使瓶内饮料染不上异味，橡胶片上有一个开启时用的拉环。

这种一次性瓶塞很受欢迎。正当这种瓶塞准备大批生产的时候，佩因特头脑中又产生了一个更好的想法。佩因特想：如果不是用瓶塞而是用瓶盖密封瓶口，不是比放在瓶子里面更好吗！1892年佩因特发明了这种瓶盖并申请了专利。他将一片软木粘在金属片上，再将这金属片放在瓶口，轧皱盖紧在瓶口上，这个被轧皱的金属片瓶盖很像一顶王冠，所以佩因特把它称为"王冠瓶盖"。王冠瓶盖就是我们现在经常见到的汽水瓶瓶盖。

为了把王冠瓶盖从瓶子上方便、容易地取下来，佩因特经过不断设计、改进，又发明了现在开瓶盖的工具——起子。王冠瓶盖以省工、省料、瓶盖上又可印制商标等优点，很快就占领了市场。

1909年，佩因特的瓶盖专利保护期届满，所有的饮料装瓶厂都可免费采用王冠瓶盖的工艺技术，王冠瓶盖进入全盛时期。王冠瓶盖独占市场一直到20世纪60年代，这时开始出现螺丝扣瓶盖。

13 用了就扔

——吉列刀片

现在我们在许多商店里都可以看到吉列牌的刮脸刀片和刀架。吉列就是这种刮脸刀片的发明人，他是美国人。16岁的时候，一场大火把他的家烧了，吉列只好离开家乡去做小贩。

吉列始终不甘心这样贫困的生活，总想发明个什么东西来赚点钱。他在瓶盖加工厂工作的时候，结识了佩因特老板。过去，酒瓶的瓶盖是软木塞或是螺旋形的，加工起来十分麻烦，后来佩因特发明了现在用的一次性的牙口状的"王冠瓶盖"而发了大财。

一次，佩因特对吉列说："你为什么不设想发明一种用一次就扔掉的东西呢？顾客扔过后还会回来再买。"这句话一直萦绕在当时已 40 岁的吉列的脑海里。一天，吉列正拿着长长的剃刀刮脸，这种剃刀和剃头刀一样大，用来杀鸡都可以，现在几乎看不到了。用这种剃刀刮脸还得有一点技术，弄不好就要把脸刮破。吉列对着镜子，突然一个灵感产生了：人的胡子比头发少得多，剃刀只有一小部分刀刃用于刮脸，大部分刀刃用不上，可那一小部分刀刃用钝了，却要将剃刀全部磨一遍。为什么不造一片很小的刀片，用钢板夹住，刀片用钝了就扔掉呢？

"我站在镜子面前兴奋极了。"吉列在给妻子的信中这样写道："我想好怎样办了，我们一定能发财。"这是 1895 年的事。

其实类似的设想别人过去提出过，但是都没有得到生产商的认可。

摆在吉列面前的困难是，没有一家工厂能生产出这样足够薄、足够硬、足够平、足够快的刀片，这使他有些沮丧，他的朋友还嘲笑他。但是他充满了信心："我相信我的想法一定会实现。"

摆在每一位发明家面前的道路都是艰难的，只有一个好的想法是远远不够的，需要顽强的毅力去实现它。

经过 6 年的研制，这个问题被一个叫尼克森的技师解决了。他认为需要先轧制出一种极薄极薄的钢带，然后再磨出刃口，制成刀片。这种两边有刃的薄刀片，夹在两块薄板中间，固定在一个"T"型的手柄上，使用安全。但是投入市场后，因为这种刀片不能磨，是一次性的消耗品，曾有很多人不信任。1903 年，吉列刀片第一次上市，只售出 51 把剃刀和 168 片刀片。

吉列有些失望，以为自己的梦想破灭了，但是第二年，全美国就有 9 万人使用了这种安全剃胡刀，消耗了 1250 万片安全刀片。一次性吉列剃胡刀得到了社会的认可，现在还来到了中国。

随着技术的发展，吉列刀片的性能和寿命在不断提高，为了使刃口不易断裂和腐蚀，刀片的制作过程是在高真空中进行的，基材采用特殊钢，刀片表面上还覆以硬度极高的合金膜，这种合金膜就是在浓盐酸里浸泡1分钟也不会被腐蚀。吉列刀片成为性能良好和寿命长的刀片。

14 "懒人"的需要

——电动剃须刀

雅可布·希克是一位美国军官，长着一脸络腮胡子。对于他来说，军旅生活中最苦恼的事情之一就是刮胡须。每次刮胡须，都要用热水和肥皂敷几遍，把胡须敷软，再用极锋利的剃刀才能刮得干净而又不会感到疼痛，如果没有热水，不仅刮不下胡须还会碰破皮肤。但是在军旅生活中哪儿去找热水啊！所以希克非常苦恼，只好经常用剪刀剪胡须，他想，如果能发明一种不用热水和肥皂就能剃须的剃刀就好了。

1910年，希克从军队退役后去哥伦比亚进行勘探。一次他扭伤了脚，不得不在帐篷里休息，因为没有事情可干，于是他又想起了发明不用热水和肥皂就能剃须的剃刀来。他想到了剪刀，剪刀有两个刃口，剪胡子时，不需要热水，胡子越硬越好剪，软了反倒不好剪。所以想不用热水刮脸就要彻底改变传统的剃须刀，也就是从剃须变为剪须。但是剪刀剪胡须的速度太慢，一根一根的要剪到什么时候呢？如果用许多把剪刀一起来剪呢？速度一定很快。但是如何同时用多把剪刀剪胡须呢？希克又想到了理发用的推子，理发推子有两个梳状的齿刀片，一个是固定的，一个是活动的，两个梳状齿刀片相对运动就像许多小剪刀在同时剪头发，效率很高，但是理发推子的刀片太厚，剪不了很短的胡子，怎样解决这个问题呢？

必须有一种刀片很薄的"推子"。经过反复的琢磨，希克后来发明了一个极薄极薄的球形网，球形网能和皮肤贴紧；网的后面是一个像螺

旋桨似的旋转刀片。当胡子插入网孔里面后，旋转的刀片就能迅速切断胡子。这种设计非常巧妙和简单，球形网实际上是一个极薄的固定刀片，如果用放大镜看，网上的每一个小孔都是带有刃口的。因此，当网后的刀片旋转时，就像是多把剪刀同时在剪胡须。

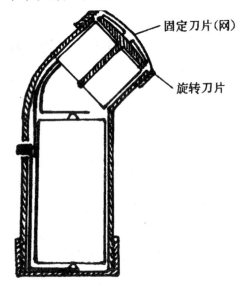

固定刀片(网)

旋转刀片

电动剃须刀

希克最初设计的旋转剃须刀是手动的，后来改为电动，用一个小电动机来带动旋转刀片。一开始电动剃须刀在市场上不被人们所接受，销售量不大。后来希克设计了一种有趣的电视广告：三个男人在办公室里一面谈话一面用电动剃须刀刮脸。这个镜头无声地告诉人们，早晨可以多睡一会儿懒觉，用电动剃须刀可以节约早晨的时间。广告大大促进了电动剃须刀的销售，从此使用电动剃须刀成了一种时尚。

人们说的"懒惰"，其实是想把事情办得简单些、方便些，这种需要也可能产生发明。

15 偶然的发现

——肥皂

传说在 2500 多年前，古罗马妇女偶然发现沾染了动物油脂和草木灰的衣服洗得很干净，于是就有意把动物油脂和草木灰混合在一起，用来洗衣物。这大概就是最早的肥皂。

文字上有关肥皂的最早记载是在公元 1 世纪罗马作家老普林尼的《自然史》中，这也是一次偶然发现。原来古罗马高卢族人，对自己的头发特别钟爱，每到节日就把山羊油脂和山毛榉树灰的溶液搅成稠状的糊，搽在他们微红的头发上，梳成各种漂亮的发型。有一次，一位年轻的高卢人在去参加节日喜庆活动途中，一场大雨把他的发型淋坏了，这使他很懊丧。但是他却意外地发现，他的头发比原来干净多了，他把这个发现告诉给大家，于是一种原始的肥皂诞生了。

在意大利古老的庞贝城遗址中也曾发现制皂作坊。庞贝城是公元 79 年火山爆发时被湮没的。

"哇！衣服洗得好干净！"

其实，中国古代人也知道草木灰和天然碱有洗涤衣服的作用，还知道有许多植物有去污能力，如皂荚、无患子等。

早期的肥皂工人在做肥皂时，将木灰或植物灰撒入水中，放入脂肪煮沸，等水蒸发后再加入木灰，经过 4 天～11 天，就可形成肥皂。

后来，人们知道了因为木灰中含有碱，碱溶液和脂肪在煮皂锅中会发生化学反应，生成脂肪酸和甘油，这时再加入木灰，木灰中的碱可使脂肪酸与甘油分离而形成肥皂。

但是，当时的纯碱是用原始方法从木灰或海草灰中提取的，所以，肥皂的成本很高，数量很少。13 世纪时，肥皂仍是一种珍奇的物品。

直到 1790 年，法国化学家吕布兰发明了从食盐中制取纯碱的吕布兰法，肥皂生产才前进了一大步，使制皂工艺从手工作坊最终转变为工业化的大生产。

16　燃料从管道来

——煤气

生活在城市里的人们，日常烧饭已经非常方便。拧开煤气炉的开关，煤气源源冒出，用火柴一点，蓝色的火焰便飘动起来。这种燃料不仅使用方便，而且干净、快捷。多少年来，人们靠烧木柴、烧煤做饭的苦恼，已经由于煤气的出现而逐渐消失了。

煤气是怎样发明的呢？

这个问题提得不准确，因为煤气是客观存在的，用不着去发明。正确的提问应该是：发明使用煤气的人是谁？

这个故事可以回溯到 18 世纪，工业大革命已给人们的生产和生活带来了变化。1765 年，英国的瓦特发明了蒸汽机以后，使用蒸汽机的工业兴旺起来，刺激了对制造机器的原料钢铁的需要，原来人们是用木炭炼铁的，为了烧炭，树木被砍得太多了，于是人们发明了将煤放在密闭的炉子里，在炉底下对煤加热却不让它燃烧，于是煤被炼成了焦炭，成为炼铁的上等燃料。

在英国的一家工厂里，有一位名叫默多克的技师，他注意到用煤炼焦炭时会冒出一股股气体，默多克想，煤是可燃性的物质，它在加热过程中冒出的气体可能也是可燃的，但是在炼焦炭炉旁他不敢直接对冒出的气体进行试验，就在家里设计了一个小小的实验。

默多克将煤装进一个铜壶里，将壶盖的缝隙封死，再将壶放在火上干烧，不久壶嘴里就冒出一阵阵热气，默多克试着用火去点，"噗!"地一声，干馏煤时冒出的气体果然被点着了。

默多克立即想到这可燃的气体可以利用。他首先用管道将煤气接到自己工厂的各个房间，装了一盏盏的煤气灯，拧通开关，就可把灯点亮，拧死开关，灯就熄灭。这样方便而又明亮的煤气灯，立即受到伦敦各界的欢迎。这一年是1792年。

煤气灯很快成为伦敦的街灯，伦敦的工厂和市民也纷纷用起煤气灯。这一热潮又刺激了不少厂家建造炼焦厂，生产煤气。

煤气灯很快走向世界，到19世纪初叶，不但在英国，而且在美国、德国、俄国也流行起来。中国也于1865年在上海的租界及邻近地段建立起煤气厂，供应租界上的路灯使用。

直到1879年，美国的发明家爱迪生发明了电灯，与供应煤气灯煤气的厂家经过激烈的竞争以后，电灯逐步代替了煤气灯。

煤气灯被淘汰以后，炼焦厂产生的煤气还有用吗？于是有人想到可以用它作为燃料，然而直接燃烧煤气会放出很浓的烟垢和烟，还有难闻的气味。早在1855年，德国科学家罗伯特·本逊就认为，这都是因为煤气未能得到充分燃烧的缘故，他发现，如果让煤气和充分的氧气一同燃烧的话，就可得到温度较高和较清洁的火焰。

怎样才能使煤气在燃烧时有充分的氧气供应呢？一位英国的厂主动了将近一年的脑筋，想出制造一种多孔的煤气灶头，当煤气从多孔灶头中冒出的时候，每个小孔中都有充足的空气流入，这实际意味着煤气得到充分的氧气帮助燃烧，煤气炉就这样发明了。在煤气灯被淘汰以后，煤气炉使得煤气到了充分的用武之地。

这一未被科技史记下发明者姓名的煤气炉，它的基本原理和结构现在仍被应用着。不信你不妨在使用煤气炉的时候，仔细观察一下，不管新式的或较老式的煤气灶头，都有一排或多排排列得密密的小孔。只是不知你是否想过，为什么煤气灶头都是带许多小孔眼的？原来这也是一项不可缺少的发明呀！

附带说一句，现在我们使用的煤气都有一股难闻的臭味，这臭味并不是煤气本身的，而是有意混入的一种带臭味的化学物质，目的是提醒人们，及时发现煤气的泄漏。因为煤气是无味的，而且是一种能使人中毒或引起燃烧爆炸的气体。

（严慧）

17 打火机启发了化学家

——催化剂

打火机对吸烟者来说似乎是一个很现代的用具，实际上，打火机的历史可以追溯到 19 世纪初期。

世界上第一个打火机和现在的样子完全不同，它是一个装有硫酸的玻璃瓶，很容易破碎，绝对不能像现在这样，随意装在口袋里。

1823 年，德国的化学家德贝赖纳在实验中发现：氢气遇到铂棉就会自动燃烧。起初，没有人把这种现象当回事，德贝赖纳却想到用它来发火。经过思考之后他设计了一个打火机。首先他需要一个能产生氢气的装置，但每次打火并不需要太多的氢气，所以当氢气够用时，这个装置应能自动停止产生氢气，避免爆炸。于是德贝赖纳做了一个巧妙的装置，因为锌和硫酸发生作用时产生氢气，所以他在一个装硫酸的大瓶子里，又放了一个没有底的小瓶，在小瓶里悬着一个锌粒，当大瓶里的硫酸涌进小瓶里碰到锌粒时，就会发生反应产生氢气。由于小瓶的喷口是关闭的，产生的氢气没有出路，于是压力增大，就会使小瓶里的硫酸液面下降，锌粒脱

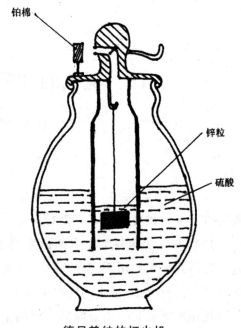

铂棉

锌粒

硫酸

德贝赖纳的打火机

离硫酸，这时反应停止，不再产生氢气，而此时，小瓶里已经贮满了氢气。当点火时按下开关，氢气就从小瓶喷口喷出来，遇到喷口处的铂棉立即就会燃烧，于是打火机就打着火了。随着燃烧，小瓶内氢气的压力也随之减少，大瓶里的硫酸又涌进到小瓶内，和锌发生反应，产生的氢气又贮存在里面，等待下一次使用。

原始的打火机并不讨人喜欢，笨重、不安全，玻璃壳很容易破碎，密封不好，会漏气，打火时会发生"劈啪"的爆裂声，让人害怕。不过，这种打火机毛病虽然很多，但是这项发明的意义很大，它不仅仅因为是现代打火机的雏形，而且由于铂的应用给科学家带来启发。

氢遇铂后便发生了剧烈的反应——燃烧，而铂本身并不燃烧，也没有发生任何性质的变化，铂的这种加速了氢的化学反应速度的作用，叫催化作用，它导致了科学家发展催化剂和催化作用的研究。

18 现代的"阿拉丁神灯"

——按钮喷雾器

在《一千零一夜》的民间故事里，有一个人物叫阿拉丁。他得到一盏神灯，无论想要什么，只要对它说句话，就可以实现。

1941年，美国科学家古德休发明了一种按钮喷雾器，现在已经走进千家万户，只要用手轻轻一按，就喷出你所需要的东西。这种按钮喷雾器被人们誉为20世纪的阿拉丁神灯。

按钮喷雾器是一个金属筒，筒的上方有一个按钮，只要压下阀门，里面的液体就会以雾滴的形式喷出来，里面可以装上任何液体，现在我们见到的多是发胶、杀虫剂、油漆。

你也许用过老式的喷雾器，这种喷雾器不仅喷不出细雾，还时常漏出液体，常在喷杀虫剂的时候沾在手上了，很不安全，而按钮喷雾器则没有这些毛病。

按钮喷雾器的秘密何在呢？

原来在金属筒里装着两种物质，一种是要喷出的东西，例如杀虫剂；另一种是产生压力的东西，像丙烷、丁烷。在工厂里把这两种物质混合好，用一定的压力预装在金属筒里，再装上阀门。每当喷出一些物质后，筒内的压力减少时，那些极易挥发的丙烷、丁烷等物质就会变成气体，使压力增加，所以在筒里有"用之不竭"的压力，直到里面的东西喷完。

根据雾滴的大小，有三种按钮喷雾器：第一种叫空间喷雾器，能喷出极细的雾滴，直径不超过0.5毫米；第二种是表面喷雾器，可以喷出

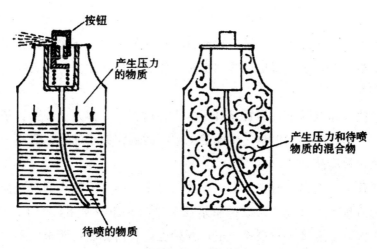

喷雾器的工作原理

液滴相当大的雾，适于在物体的表面上涂覆一层物质；第三种是充气泡沫式的，如刮脸的时候，用于喷皂液的按钮喷雾器。

按钮喷雾器里面有压力，这压力是由易挥发的物质产生的，这种物质一遇到热就会膨胀，也害怕受到振动，所以不能靠近热源，也不能用力撞击。

19 古人的珍宝

——钉子

大约距今 2000 年前，苏格兰某地有一座古罗马式的城堡，建筑风格独特，但是后来荒废了。在考察这座城堡遗址的时候，考古学家发现一些埋在地下的大木箱，似是珍贵的物品。但是打开一看，竟是一些普通的钉子，足有 7 吨重。人们不免有些奇怪，城堡的主人为什么要埋这

些钉子呢？

原来，城堡的主人在被迫放弃这座城堡的时候，不愿把这些贵重的钉子留给敌人，于是就把这些"宝物"深深地埋在地下，可见钉子在当时是多么贵重。

更使人惊奇的是，尽管盛钉子的木箱腐朽了，但是里面的钉子仍乌黑锃亮，一点也没有生锈。由此足见，当时制作钉子的工艺之高，所以钉子被视为珍品。

这其实一点也不奇怪。头尖尾大的钉子，样子不怎么起眼，但与人们的生活却密不可分。大概在原始社会里，就开始使用钉子了。例如，要把两根短木棍接成一根长木棍，开始也许是用藤蔓把两根短木棍捆在一起，但用着用着就会松动。于是，人类的祖先用鱼骨、尖锐的树枝以及锋利的木片做成原始的钉子。他们用这种钉子把木棍连接在一起，还可能用这种钉子连接、固定其他的物品，渐渐地钉子就成了人类不可缺少的帮手。

现在有的制鞋工人还使用木钉，因为钉皮革，木钉比铁钉更好用。在人类掌握了冶金技术后，金属钉子也就应运而生。不过在青铜时代金属的钉子像金子一样的贵重，只有皇室和贵族才能用得起。

在古埃及、古希腊、古罗马，人们都曾用青铜和铁制造钉子。中国在5000多年前就开始使用青铜器，钉子也在那个时候就诞生了。

古代为什么那么看重钉子？因为那时的钉子都是用手工制作，不难想像，用手工制作一枚枚头尖尾大的钉子，在技巧上有多大的难度，这种手工制品当然是很宝贵的。一直到17世纪，制钉技术才达到很高的水平。现在的钉子是用金属丝在制钉机上制成的，既可以制作各种规格的，还可以大量生产，满足需要。随着市场需要，制钉技术也在不断发展，如有一种钢钉，可以用来直接钉在坚硬的水泥墙上；还有塑料钉，这种钉子用来造木船特别好，因为它不生锈。

螺丝钉的发明就要晚得多。螺丝钉的发明者是16世纪德国的矿物学家阿格里科拉。他写作过《金属学》、《矿物学》，被称为"矿物学之父"。他从小钉螺壳上得到启发，自己动手把一根铁棍锉成螺旋状，制成第一个螺丝钉，尽管粗糙，但是解决了钉子爱松脱的毛病。后来旋螺丝钉的螺丝刀也应运而生。

开始螺丝钉也是用手工制作的，价格很贵。很快，英国的怀特兄弟发明了第一台制造螺丝钉的机器，才使螺丝钉迅速推广应用。

螺丝钉钉帽上的凹槽，原先都是"一"字型的，"一"字型的钉帽定位不好，用机器旋螺丝钉时，螺丝刀容易滑脱，不适合机械化大生产。后来把钉帽上的槽改为"十"字型的，螺丝刀压在上面就不易滑脱，这个小改革解决了大问题，应该说也是一个重要的发明。

20　洛阳西方位上地震了

——候风地动仪

西方的第一台地震仪，是13世纪德·拉·奥斯弗耶发明的，安装在波斯的马拉加天文台上。他所采用的原理是：将水银盛满在一个盆子里，在发生地震的时候，水银就会从盆子里溢出来。从原理上看，它比中国张衡发明的地震仪要落后得多。

中国东汉时期，大科学家张衡两次担任东汉的太史令，这是一个主管天文、地学和其他奇异现象的官职。当时洛阳经常发生地震，地震给人民带来灾难，由于交通不便，朝廷不能及时知道。这使张衡决心发明一种可以及时知道地震的仪器，以便朝廷迅速采取救灾措施。经过长期的研究，终于在公元132年，张衡制成了名为"候风地动仪"的地震仪器。

张衡的候风地动仪安装在洛阳的观象台上，曾经测出许多次地震。

有一次，候风地动仪测出西方位上发生了一次地震，但是洛阳人谁也没有感到地震，是不是测错了？没过几天，驿道的信使就骑马送来了信息：在洛阳西面 500 多千米以外的陇西郡发生了地震，人们这才信服。从此以后，朝廷对地震的记录以候风地动仪的测量为准。

张衡发明的地动仪后来失传了。但在《后汉书》里描述了地动仪的构造。《后汉书》中记载说：地动仪"以精铜铸成，圆径八尺，合盖隆起，形似酒樽，傍行八道，施关发机。外有八龙，首衔龙丸，下有蟾蜍，张口承之……"

到了 20 世纪 60 年代，中国科学家王振铎根据这一记载，复制了候风地动仪。复制的候风地动仪，中间立着一个上粗下细的大铜柱，铜柱的周围 8 个方位铸有 8 条铜龙，每条龙的嘴里都衔着一个铜球，龙嘴的下面蹲着 8 只蟾蜍。

当一个方位发生了地震的时候，地面的震动就会从那个方向传来，震动地动仪那个方位龙口里的一个杠杆装置，那条龙口里的铜球就从嘴里掉下来，落在下面蟾蜍的嘴里。因此，从这一仪器的功能来说，它只是一个地动仪。至于候风仪，是张衡发明的另一个测风向的装置，只不过因为古书上都将候风仪和地动仪统称为候风地动仪，后来人们一般也

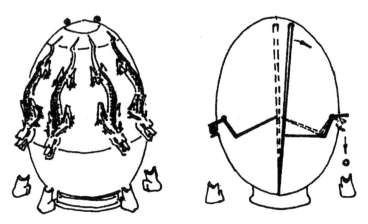

张衡发明的地动仪（复制）

就将它称为候风地动仪了。

现代磁电地震仪的两个水平摆的构造原理，与1700多年前的张衡地动仪相类似，但是增加了磁电放大系统，人们不但可以测知在哪个方向发生了地震，还能测出发生的地震强度。

21 感觉并不可靠

——温度计

古代人都是凭感觉来判断温度的高低。在古罗马的时候，有这样一段关于河水温度的记载：早晨河水是温热的，到了中午，河水变凉了，黄昏的时候，河水又变得温暖起来了。

实际上这种判断正好相反，早晨、晚上的气温低，人体感到凉，所以感觉河水是温暖的；而中午气温升高了，人感到热了，所以觉得水的温度低。实际上，中午河水的温度会随着气温的升高而升高。可见感觉常因人的主观因素而定。

通过感觉来给病人看病，情况更加不妙，常常会误诊。1581年，意大利科学家伽利略在比萨大学学习医学，他看到医生在给病人诊断体温的时候，靠的就是感觉，而感觉是不可靠的。伽利略决心制造一个温度计，但是10年过去了，没有成功。伽利略成为帕多瓦大学教授后，教课之余，他仍在思考这个问题。物体受热后会膨胀，怎样利用这个性质来测量温度呢？

后来，伽利略利用这个现象设计了一个温度计。这是一个带有长长玻璃管的球形容器，倒插在一个盛有带颜色水的容器里，在插入带颜色的水中之前，先在火上烤烤这个玻璃球，使里面的空气受热排出一部分后，立即插入带颜色的水里。过一会儿，玻璃球温度降下来和室温一致，里面的空气压强变小，外面的大气就把一部分有颜色的水压进玻璃管中，这样一个温度计就制成了。

桑克特里乌斯医生的体温计

用这个温度计测量温度，当周围的温度下降时，玻璃球内的气压变小，液柱就会升高；温度升高时，球内气压变大，液柱就会下降。这正好和我们现在使用的温度计液柱的变化相反。

伽利略把自己发明的温度计给他的朋友桑克特里乌斯看，桑克特里乌斯是位医生，他把伽利略发明的温度计用来测量病人的体温，不过并不准确。因为伽利略设计的温度计有缺点，它不仅随着温度的升高或降低而发生变化，同时还受大气压力变化的影响。

桑克特里乌斯也做了一个温度计，他的温度计形状像一条蛇，用来测量体温时，测温的小球含在病人的嘴里，管子的下端插在水里。蛇形管里有一些玻璃小球，管子里的空气膨胀时，玻璃小球就会移动。

伽利略和桑克特里乌斯的体温计虽然不很准确，但是他们已经发现人体的健康和体温的变化有关，这在医学上是一个进步。

22　华氏和摄氏

——温标刻度

　　法国的化学家雷伊首先对伽利略的温度计进行了改进，他建议把玻璃泡放在玻璃管下面，里面灌上水，水成了测温物质。当温度上升的时候，玻璃泡中的水会沿着玻璃管上升，不过他没有封闭玻璃管，水的蒸发使测量有误差。

　　后来，意大利的托斯卡纳等人认为酒精热涨时出现的体积变化比水大，于是将玻璃泡里装上酒精，这样看到的温度变化可以明显些；并把玻璃管口烧熔封死，还在玻璃管上刻上了刻度，这是最早的酒精温度计。

　　温度计出现后的问题就是要制定一个测量温度的标准，就像长度标准一样，多长算1尺，温度变化多少算是1度。

　　在17世纪末，许多著名的科学家，包括牛顿都发表过论文制定温度的标准。牛顿建议用雪融化时的温度和人体的正常体温两个点分为12等份测量温度；而玻意耳建议用茴香油的凝固点作为测量温度的起点。

　　德国的玻璃工人华仑海特专门制造温度计，他制造的温度计受到普遍的好评。制造温度计是一个技术活，玻璃管必须拉制得十分均匀，灌进去的液体中间不能有空气泡。

　　1741年，华仑海特为温度计的刻度采用了三个标准，他把水、冰、盐的混合物的最低温度定为0度，把水的冰点定为32度，口腔的温度定为96度，根据这三个标准均匀分配距离，定出每1度的刻度。这就

是在英美国家中流行的华氏温度。比如：水的沸点是212度，表示的方法是212°F。

1742年，瑞典人摄尔修斯制定了一个新标准，他制造的温度计是水银温度计，也就是将测量温度的酒精改为水银。摄尔修斯把水的冰点定为0度，水的沸点定为100度，中间均匀分成100个等份，这就是我们现在常使用的摄氏温度标准。它的计量更方便，所以被广泛地使用。摄氏度的表示方法是℃。人体的正常温度是37℃。

水银温度计在使用上有一定的限制，例如，不能测量高温。那么，炼钢炉里的温度如何测量呢？

由于科学技术日新月异的发展，又发明了温差电耦温度计、电阻温度计、辐射温度计、光测高温温度计等。用光测高温温度计对着钢水一看，便知钢水温度，非常方便。

温度计和测温学经过了漫长的岁月和曲折的道路，现在温度的测量已达到了极精确的水平，成为科研和生活中不可缺少的一部分。

23　妇女双手的解放

——洗衣机

洗衣从来是妇女们的劳动，虽然这也是一项相当笨重的活儿，却很少受到机械工程师们的关注，为洗衣机械化而去搞出一项发明。长期以来，妇女只有根据自己摸索出来的方法，用搓衣板搓，用刷子刷，用棒槌敲打，用脚踩等等方法洗衣，都未能脱离手工劳动。

进入19世纪，在发明迭出的年代，妇女们也较多地参加了纺织等生产劳动，简化和减轻洗衣劳动的要求开始出现，也就应运而生出现了洗衣机的发明研制。早期的洗衣机是很粗糙的，只不过是简单地模仿手工洗衣的动作，在一个洗衣的大桶里面有几个拨爪，能将衣服在浸泡了皂液的水中来回拖动，这种办法其实并不见得省力，而且衣服并没有真正洗干净。

比较公认的可称之为洗衣机的发明，是1874年美国机械制造家比尔·布莱克斯顿设计的一种洗衣机。他想，仅仅将衣服放在洗衣桶里来回拖动，是不足以将衣服洗干净的，应该设法使衣服在洗衣筒里不断地翻转，与含皂液的水充分接触搅拌，才能达到较好的洗涤效果。

布莱克斯顿设计的洗衣机是一个木桶，底部安装着6块木制的拨爪，连着一根中心轴通到桶外，用手摇动中心轴，就可带动拨爪翻转，同时也就驱动衣服在皂液中不停地翻转，依靠皂液在转动中把衣服冲刷、荡涤，可达到较佳的洗涤效果。

不过这种用手工摇动转轴的洗衣机太费劲了，操作的人也很劳累。1880年，就改为用蒸汽机的动力去带动中心轴转动，虽然省劲了，但是并不方便。1920年，洗衣机由木桶改为铁桶，接着又改为搪瓷洗衣桶，于是又干净又牢固的洗衣机外壳问题解决了。

电动机发明以后，1922年美国的玛依塔格公司的工程师们采用电力传动，将搅拌的立轴竖直地装在洗衣桶的底部，立轴上装有可搅动衣物的摆动翼，立轴可以顺时针、逆时针方向交替旋转，使衣物与洗涤液不断相互摩擦、撞击、翻搅，洗涤的效果又进一步提高。这一设计已经与今天我们使用的用拨轮来回转动的洗衣机装置很相似了。

但是还有一个伤脑筋的问题，那就是每次洗完衣物后如何将其中的水分甩干。这时，美国异奇洗衣公司有一位技术员到奶牛场去参观，看见那里的牧民将牛奶倒进牛奶分离器中，经过迅速的旋转，奶油就从牛奶中分离出来浮在牛奶上。这位工程技术员马上领悟到，这不是离心力的作用吗？将雨伞拿在手中迅速转动，伞上的雨水也会马上被迅速甩出去的。这位工程技术员回来就设计了一种甩干篮，将湿淋淋的衣物装在篮里，利用电力使它高速转动，只见衣服里的水沿着篮子的空眼，刷刷

地迅速流出来，再取出衣服一看，果然已经被甩得很干，比手拧的还要干得多。

甩干机就是这么发明的。直到现在，几乎所有的洗衣机的甩干脱水应用的都是这一原理。

随着妇女的解放，进入社会工作的女性越来越多，洗衣机也就日益受到欢迎，洗衣机本身也在需求中不断进步。拨轮式洗衣机发展为滚筒式洗衣机，特别是微电脑的应用，又出现了全自动洗衣机、模糊洗衣机等。洗衣机已经成为家庭不可缺少的用具。

24　让食物保持新鲜

——电冰箱

在历史上，利用冬天的冰来保存夏天的食物，使它不致腐烂变质，在中国和古罗马都有。中国的北京就有"冰窖口"的地名，那里有一座巨大的冰窖，将冬天从河里采下的冰块藏在冰窖里，上面用稻草覆盖着，到夏天再将一块块的冰运出来，用来冰镇食品。这座藏冰的冰窖口直到 20 世纪 50 年代还有，后来有了人造冰，它才失去了存在的意义。

2000 年前的古罗马也有这种做法，皇帝和贵族让奴隶们在冬天到高山上去采冰，运回来藏在地下冰库里，到夏天再取出来用以冰镇牛奶或酒，也用来保持食品不变质。

冰能使食品在炎热的夏天保存下来不会腐坏变质，这个现象早已被人们注意到并加以利用，但是为什么不变质，机理却没有搞清。1626 年 3 月，英国哲学家弗朗西斯·培根想做一个"冷"是如何防止食物腐败的观察实验，于是他坐马车在郊外买了一只鸡，将鸡宰杀后埋在雪地里。不料实验还未完成，他却因此受凉患了感冒，转为肺炎，在 4 月 9 日就去世了。这是科学家对冷冻保持食物研究的一次牺牲。

实验虽然没有取得成功，但冷冻能保持食品的新鲜已被公认。

18 世纪欧洲发生了产业革命，各城市的人口大增，不得不到处去运输食品。那时澳大利亚和新西兰的养羊业已经十分发达，那么多的羊当地吃不了，就想远销欧洲。于是想到在船上用冰降温，将羊肉运到伦敦。结果，20 吨冻羊肉从澳大利亚的墨尔本出发，经过炎热的赤道到达了英国。谁知打开船舱一看，舱里的冰受不了赤道的炎热化冻了，那冷藏的 20 吨羊肉已经腐烂变质了。这使人们认识到仅仅依靠天然的冰致冷是不够的。

人工致冷的发现和应用，应感谢科学家的基础研究。1822 年，英国物理学家法拉第发现，气态的二氧化碳、氨、氯等气体，经过加压，会变成液体，在这个过程中气体会放热；而一旦减去压力，液态的气体又会变成气体，在这个过程气体会吸热，也就会使周围的温度降低。这其实就是一个人工制冷的过程，可惜法拉第没有想到如何加以利用。

法拉第在实验中发现的这个现象，被德国的化学家林德注意到了，他认为利用这个现象可以制成人工致冷机。他于 1870 年开始这一研制，1873 年制成了利用氨的致冷机。它的工作原理是：给氨气加压使它液化，再让液化的氨从小孔中缓缓放出，液态的氨会立即蒸发还原为气体，但这个过程它会大量吸热而使周围的温度下降，达到降温致冷的目的；再将气化了的氨送入特定的装置中给它加压液化，再气化……循环的过程反复进行，冷冻机就会一次一次降温，始终保持需要的低温。林德发明的冷冻机立即受到欢迎，并且被用来制冰和冷藏食品。

1876 年，法国的蒂尔建造了"弗利克斯菲克"号冷冻船，采用林德发明的致冷装置，从澳大利亚运了一船鲜羊肉到欧洲，航行 3 个多月，同样经过了气温很高的赤道，结果到达欧洲的港口时，这船羊肉冻得硬邦邦的，依然十分新鲜，一点也没有变质。人工制冷有成效了。

1880 年开始，澳大利亚的新鲜羊肉就可以利用这种人工制冷的冷冻船陆续运到欧洲了。1907年，美国的生物学家贝泽耶进一步发明了快速冷冻法，从此海上的捕鱼船也可用此法将新鲜的鱼从遥远的海上运回来了。

家庭用的电冰箱是在冷冻工业的基础上逐渐兴起的。它的致冷原理和工业船的人工致冷原理相同，只是在设计上使它小巧化、美观化和实用化了。需要指出的是，家庭电冰箱中用来致冷的物质，一般已经将氨改为氟利昂了。氟利昂是一种含氟和氯的有机化合物，无色、无味、无毒、无腐蚀性，而且容易液化的气体，所以现代的冰箱大多采用氟利昂做致冷剂。

但是近代科学发现氟利昂有一个严重的缺点，它极易与地球高空中的臭氧起化学作用，形成臭氧空洞。人们正在寻找可以代替氟利昂的致冷剂，保护地球的大气层。

25 "吵死人的怪魔"

——吸尘器

搬进新房之前，对房间进行装修的人家，一般都喜欢在地面铺上地毯。铺了地毯，用了几千年的扫帚就失去了用武之地，人们改用吸尘器。

前几年，吸尘器在中国也还可算是一件新事物，但它的历史可不算很短了。

19世纪时英国的维多利亚女王的卧室，在清扫时就采用一种早期的吸气机。它是一种折叠式的皮制风箱，本来是用来吹风鼓气的，但是将它挤瘪，将皮囊里的气体排空以后，里面的压力减小，再用一根与皮囊相连接的皮管伸向要清扫的地方，伸展皮囊，就会形成一股吸力，外面的大气压力会使皮管嘴将地面的灰尘吸进皮囊里。

不过这种吸尘皮囊在使用不当时就会造成反效果，因为当一次吸尘后再挤压皮囊时，就可能将原来吸进去的灰尘又重新挤了出来，反而灰尘扑扑。

1901年，在伦敦的圣潘克拉斯车站，试用了一种据说是经过改进的车厢清洁机，它和女王用的那种吸气机相似，也是起着吸气但也会吹气的作用。所以在车厢内做试用表演时，虽然有时也吸进一些灰尘，但更多的时候是从皮嘴里又喷出大量原来吸进的灰尘，反而弄得车厢里的旅客纷纷掩鼻而逃。

失败的试用表演却给当时车厢里一位旅客以启发，他叫休伯特·布思。下了火车回家以后，布思就用手帕蒙住自己的嘴巴，趴在地上向着地面不断吸气，这个反常的举动使家里人都吓了一跳，不知布思犯了什么病。

布思在地上这么吸了一阵以后，取下蒙在嘴上的手帕一看，只见许多灰尘落在那已被唾沫浸湿的手帕上。这时布思兴奋地朝着家人大喊："瞧，我成功了！"

原来布思在火车上看到车厢清洁机试用失败以后，认为失败的原因是这种清洁机既有吸的功能，但也有吹的功能，所以有时反而弄得灰尘滚滚。刚才他趴在地上用手帕蒙住嘴进行的实验是：只吸不吹，取得良好的吸尘效果，同时也避免了再把吸进的灰尘吹出去的反效果。于是他研制出一种只吸不吹的吸尘器，吸尘器里装有一台发动机，它的叶轮恰好与鼓风机上的方向相反，所以一开机时，它只朝反方向鼓风，使吸尘器的吸嘴只产生往里吸的作用，同时还装了一层滤布，可以使空气通过，却将灰尘留在滤布上，吸完灰尘以后，再将灰尘单独倾倒出去。

1901年，布思为自己发明的吸尘器申请了专利，不过那时还没有运用电力，发动机是用马拉的，所以不但十分笨重，而且工作起来噪声很大，奇怪的噪声吓得路过的马匹都惊慌乱窜，惊动了警察出来干涉。

人们把布思的吸尘器称为"吵死人的怪魔"。

虽然布思的发明具有这样大的缺点，但是人们认为他的吸尘器只吸不吹的设计是正确的，与现在通用的真空吸尘机的原理一致。

1906年，布思将自己发明的吸尘器改为用电动泵产生吸力的真空吸尘器，这种真空吸尘器才得以进入市场，被人们所接受。

吸尘器在后来当然还有不少改进，其中最重要的改进是在机内加装一个用水为隔层的过滤装置，这样就更不必担心吸进去的灰尘又被吹出来了。

26 总统夫人怕扇扇子

——空调机

在家庭里安装空调机，现在已有点像几年前买彩电那样，在城市居民中已达到相当普及的程度，特别是在南方的一些城市，空调机已经成为一种相当时髦的现代家庭用品。

但仔细追究起来，空调机的发明可并不是新近才出现的新事物。

空调机的发明带有一些偶然的戏剧性色彩。那是19世纪末期的1881年7月，美国总统格菲尔德在华盛顿的车站突然遭到枪击，子弹射入他的脊椎处，使他受了重伤，送到医院，大夫决定立即做手术将总统体内的子弹取出。可是那一年的夏天，华盛顿出现了历史上少见的高温天气，躺在病床上的格菲尔德总统感到非常难受。总统夫人只好坐在总统身旁，为他不停地扇扇子，胳膊都扇酸了，总统仍旧满头大汗，一点也不轻松。

总统夫人心里着急，觉得扇扇子这法子不灵，应该设法使病房中的温度降低，才能使总统感到舒服些，便找医院的头儿商量。

医院的头儿认为，这个问题是技术问题，不是医疗问题，只有找懂技术的人来研究解决。什么人有这方面的技术呢？他们想到在矿山工作的技术人员，因为这些人给矿井排气通风。负责研究降低室温的技术任务就落在了矿山工程师多西的肩上。

懂技术的人对有关的理论基础知识比较丰富。多西接受这个任务后一分析，仅仅解决病房的通风问题并不能降低室内的温度，必须找到一种使室内温度降低的方法。什么方法能使空气的温度降低呢？他想到气体的压缩与膨胀。当压缩气体时，气体会放出热量；而当被压缩的气体再膨胀时，它又需要吸收大量的热量。这个现象本来是英国物理学家法拉第发现的。

利用这个原理，多西在医院里装上一个大发动机，用它带动压缩机压缩气体，气体被压缩时放出的热量，用装冷水的管子吸收后排放出去；而后将被压缩的气体通过管子送入总统病房。被压缩的气体一旦被解除压力就会重新膨胀，膨胀的过程同时吸收大量的热量，室内周围的温度就会因此而降低。

多西设计的降温措施成功了，总统病房的温度从 30℃ 以上下降到 25℃ 左右。总统觉得舒服多了，医疗也可正常进行了。

多西采用的这一应急措施，实际上导致了原始空调机的发明，并且很快被推广应用。

现在人们使用的空调机，仍是利用的这一原理，空调机一开机就会嗡嗡作响，那就是压缩机在压缩气体。窗外挂着一个散热器和一根不断流水的管子，管子里的水是空气中的水蒸气遇冷凝结而成的；而散热器是用来排放压缩气体时发出的热量。所以夏天人们从空调机的散热器旁走过，会感到一股热风迎面袭来。现在北京市已经规定散热器必须悬挂在 2 米以上的高处。至于被压缩的气体采用的是氨、二氧化碳或氟利昂，或其他别的什么气体，那就是仁者见仁、智者见智的抉择了。

细心的读者看到这里会想，空调机应用的原理和电冰箱利用的原理是不是一样的呢？是的，从原理上看是一致的，但技术上它们毕竟还是有区别的。所以科学家仍旧正告使用电冰箱的人们，千万别打开电冰箱的门让它给室内降温。电冰箱与空调机，在现在的技术设计和装置上，不能互相通用。

不过，从电冰箱和空调机的发明故事，使我们认识到一个自然规律的发现，可以在多方面得到应用，也就是说可以派生出多项发明。

这两个发明故事还说明，只要社会需要，发明就可能应运而生，善于发明的人是善于捕捉这一机遇的。

27　古老而又年轻

——针灸

中国的针灸产生在新石器时代，最早的针灸不是金属的针，而是石针，叫做砭石，砭石是一种磨尖了的石块，用来刺击穴位。相传古时候有一个樵夫，患有头痛症，有一次他的头实在痛的不行，走路都不稳，一下子摔倒在地上，一块尖锐的石头划破了他的腿，虽然腿很痛，但是他发现头不那么痛了。后来他准备了尖锐的石片，头一痛就用来刺小腿的那个部位，果然屡试不爽，从此以后他逢人便说，这方法就慢慢地传开了。

这就是中国古代由民间创造的古老发明，那种能刺小腿的某个部位止痛的尖利的石块，后来演变为古书中记载的"砭石"，人们已将它磨制成锥形或镶形的小石器，也是我国传统的"针刺"法的雏形。之后，"砭石"又演变成石针、骨针、陶针、铜针、金针和银针，现在采用的则是不锈钢针。

又由于中医在给病人施行针刺疗法的时候，往往同时还用艾叶灸患处，所以通常人们已将它们统称为"针灸法"了。

针灸法是针对人体经络决定针刺穴位的，中国现存最早的经络学的专著是长沙马王堆汉墓中出土的周代编写的医书《阴阳十一脉灸经》和《足臂十一脉灸经》。

中国古代许多的著名医生对针灸都有所贡献，在这里贡献较大的应推晋代的皇甫谧。他编著的《针灸甲乙经》全书12卷128篇，确定了穴位394个，是现存的最早的内容最完整的针灸专著。从晋到宋1000多年的时间里，所有的针灸书的内容几乎没有超出《针灸甲乙经》的范围。《针灸甲乙经》在国外医学界的影响也是很大的，尤其是在日本和朝鲜。7世纪，日本规定医学生必修课中的一门就是《针灸甲乙经》。

皇甫谧原是东汉的望族，往上推六代都是朝里的大官。皇甫谧自幼过继给叔父。但幼年的皇甫谧不爱学习，游荡无度又性朴口讷，不爱说话，当时人们认为他是一个痴呆，叔母对他很好，而且不断地教育他。有一次叔母任氏一边流泪一边对他说："你已经是快20的人了，毫无上进之心，你用什么来安慰我的心呢？从前孟母三迁以成仁，曾父煮猪以存教。难道是我居不择邻，教有所缺吗？是什么使你这样鲁钝？修身笃学是你自己得益，对于我有什么好处呢？"

叔母这一番教诲触动了皇甫谧，自此他振作起来，先拜了同乡席坦为师。后因家贫，只得边耕边读。清贫的生活，刻苦的攻读，使他变得沉静寡欲且有高尚的志趣，他嗜书如命，有人称他为"书淫"。由于他刻苦钻研，著书丰富，成为当时有名的大学者，享有很高的声誉。他多次谢绝朝廷的征召，却上书向皇帝借书一车。

由于苦读，他的身体变坏，有时疾病使他痛苦不堪，一度想自杀，被叔母劝止。疾病的折磨触发了他学医的决心。他奋发钻研医学，苦读医书，并对照着医书对自己进行针灸治疗，一天一天过去了，他的病居然减轻了许多。约在公元259年，皇甫谧写成了《黄帝三部针灸甲乙经》，后来宋代改称《针灸甲乙经》。

《针灸甲乙经》撰写成功后，立即得到医学界的高度评价和重视，一直作为学医者必读之书。皇甫谧则甘于清贫的生活，他到晚年主张薄葬，认为人死后，即用一竹苇粗席裹尸，找一个不毛之地，深埋即可，不用陪葬。他病逝后，他的儿子就是按他的遗嘱做的。

后人为了纪念他，在他的家乡建造了一座二贤祠。

今天，针灸已成为世界医学界瞩目的一门古老的医疗技术，北京、上海、南京等地相继成立了国际针灸培

"这是个什么穴位？"

训中心，不断有国外的医生前来学习。1987 年，在中国举行了世界针灸学会联合会成立大会，有 50 多个国家和地区的代表参加，有的国家已正式承认针灸疗法的疗效。古老的针灸医术正在焕发它的青春。

28 医生的"好帮手"

——听诊器

给病人诊病用听的办法，在中国古代就有，中医是很重视闻诊的。《内经》上有"闻而知之谓之圣"。所以在中国 2000 年前就开始用闻诊来诊断疾病了。这里说的"闻"，就是"听"的意思。

公元前 466 年～公元前 377 年，被称为"西医医圣"的希腊医生希波克拉底，就曾经通过胸部内的摩擦声，来给病人诊断疾病了。但是，在听诊器没有发明以前，医生都是用耳朵直接贴在病人的胸口上听的。

1816 年，法国的一位医生为一件事情发了愁。这位医生叫拉埃内克，他正在为一位贵族小姐看病，拉埃内克从一切症状怀疑她是得了心脏病，必须贴在她的胸口仔细听一听。而这位小姐很胖，也很害羞，怎么办？

拉埃内克一直在思考这个问题，拉埃内克幼年时母亲就死于肺结核，他为了向疾病"复仇"而立志学医，现在他已经是一位有名望的医生了。有一天，他在巴黎散步，看到两个孩子用一根长长的木棒在玩传声的游戏。一个孩子用耳朵贴在木棒的一头，另一个孩子在木棒的一头轻轻敲击。这边问："听见了吗？"那边说："听见了！"

现在，这件事启发了他。第二天在给小姐看病的时候，他用笔记本卷了一个圆筒，将圆筒的一端靠在小姐丰满的胸上，自己的耳朵贴近圆筒的另一端，果然听到了小姐心跳的声音。这件事情给他很大的鼓励，拉埃内克于是自己动手用雪松和乌木做了一个中空的木筒，这就是世界上第一个听诊器。

不幸的是拉埃内克大夫发明了听诊器不久，就患了肺病，1826年去世，只活了45岁。但是，他对心音和呼吸音已进行了大量的全面的研究，留下了一本影响深远的医学著作——《论间接听诊法及主要运用这种新手段探索心肺疾病》。

人们为了记念拉埃内克对医学事业的贡献，在他的故乡——丘木拜尔市为他竖立了一座右手持听筒式听诊器的青铜像，并在巴黎市中心的凯耳医院门前的浮雕上，凿刻了有关他发明听诊器的史迹。

从19世纪到现在，听诊器已发生了许多变化，尤其是经过奥地利人斯柯达的改进，发展成为有软管的双耳听诊器。即使在其他的物理诊断仪器高度发展的今天，医生还是离不开听诊器。

在计算机技术迅速发展的现在，一种微波听诊器出现了，过去的听诊器是听人体内部所发出的声音，而微波听诊器变成一个天线向人体发出一束微波，反射回来的微波携带着人体的信息，经过计算机的处理，可以更加清楚地了解人体内部发生了什么变化，而且计算机能记忆病人过去的情况，让大夫进行比较，减少误诊。

29　"听"出来的血压

——血压计

我们的心脏每时每刻都在把血液压到身体的各个部分。那么血管里的血压到底有多大？

在18世纪初，一位叫哈斯的英国人就思考过这个问题。哈斯想了一个很简单的办法来测量血压，他用一根长9英尺（2.74米）的玻璃管，管的一头用铜管连接，然后插进马的动脉血管中，血液在玻璃管里上升到8英尺3英寸（2.51米）高，这样就可以用马血的比重算出马的血压，不过这样测量很不方便，因为需要一根很长的管子。

为了减少玻璃管的高度，后来法国人普赛利改用在玻璃管里装上水银测血压。水银的比重是水的13.6倍，就是很大的压力也不会把水银柱顶起多高，这样就不再需要用那么长的玻璃管了，使测量变得方便。

这种血压的测量办法叫直接法，测量时，用一个注射器将针头插入血管里，在血压较低的小血管的地方，可以用生理盐水，而在血压较高的大血管地方，则使用水银血压计。

直接测量方法测出的血压比较准确，但是不方便，而且也只能测量出静脉血压。1896年，意大利人里瓦·罗克西发明了不损伤血管的血压测量方法，测量血压时，用一个橡皮囊臂带缠绕在手臂上，然后用一个橡皮球充气，观察管内水银柱的高度以推测血压，但是这种方法不甚准确。

1905年，俄国的柯罗特科夫医生提出用听诊器放在橡皮带后面的动脉处，以听到的声音来判断血压。正常的血流是没有声音的，当给橡皮带打气的时候，气压大于心缩压时，位于从肩到肘的肱动脉被压闭，

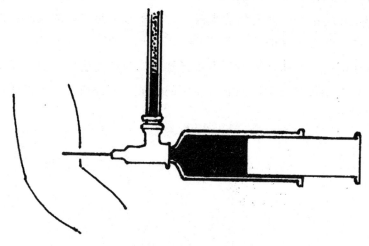

直接测量血压法

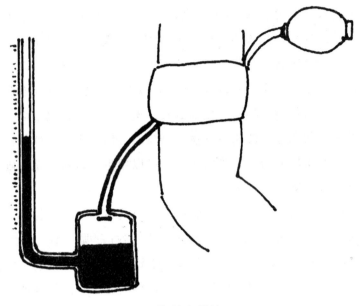

早期的血压计

血流被阻止，然后慢慢给气袋放气，当气带的压力低于心缩压时，血流就能冲过去，在血流冲过的时候，就会听到声音，这种声音叫柯氏音。在有规律的柯氏音里可以找到两点，一点为收缩压时间，一点为舒张压的时间，在这两个时间看到的水银柱的指示数就是对应的血压数值，所以血压是"听"出来的。

　　现在的电子血压计利用压力传感器来代替橡皮袋的压力，用微音器来听心音，用数字显示器来显示血压的数值，使任何人都可以使用。

30 "啊，狗肚子里有颗纽扣!"

——X 光机

发现 X 射线的人是德国物理学家伦琴。伦琴的父母原来希望他长大做一个水利工程师，但是一件意外的事情改变了他的命运。这就是他在沃兹堡大学研究阴极射线管时，发现了一种未知射线，伦琴给它命名为 X 射线。后来，科学家为了纪念伦琴的发现，把 X 射线命名为伦琴射线。

但是伦琴的研究并没有到此为止。一天，伦琴对仆人涅色木克说："请维林盖尔医生来。"仆人担心地问："教授先生，您是不是生病了?"因为这几个星期以来，教授一直在实验室里忙工作。

伦琴对于这种关心的询问没有回答又继续说："还要把瓦格涅尔工程师请来，对了，还有那只矮脚狗达克斯，我同样也需要它。"

一小时以后，维林盖尔医生急忙来到教授的实验室，看到伦琴高兴地迎接他，才喘了口长气，把急救的药箱放在一旁。瓦格涅尔工程师也一起来了，矮脚狗达克斯摇着尾巴在大家面前走来走去，认为一定又会有一顿美餐了。

面对着大惑不解的医生、工程师，伦琴清瘦的脸上显出了笑容。他说："今天，我请诸位来帮忙做一个奇妙的实验。这里有 18 块包着黑纸的感光板，请瓦格涅尔工程师把它摆成一个和小狗达克斯身体一样大的长方形，请维林盖尔医生把狗牵过来，让它躺在感光板上。"

伦琴还嘱咐仆人不能让任何人进来。实验开始了。医生轻轻地抚摸着小狗，让它安静地躺在感光板上。伦琴把阴极射线管放在小狗的肚子上，并安慰地对小狗说："忍耐一点儿，你正对科学做出巨大的贡献。"

"一、二、三、四、五。"伦琴在接通电源后慢慢数着，随即就关掉电源。

"好，行了！"伦琴把小狗抱离工作台，对小狗说："你的任务完了，奖你一块糖。"于是小狗快活地摇摇尾巴。

"现在该您了，瓦格涅尔，请按顺序把感光板拿到暗室里去显影。注意，顺序一定不要搞错。"

瓦格涅尔十分诧异，因为，感光板一直用黑纸包着没有曝光，怎么会冲洗出影像来呢？

伦琴神秘地对这位工程师助手说："但愿你能看到一些意想不到的东西。"

伦琴和医生在暗室外面静静地等着，终于，暗室的门打开了。"伦琴教授！瓦格涅尔惊叫着，用他那颤抖的双手把刚刚显过影、湿漉漉的感光板拿到光亮处，"看！这是您那爱犬的脊椎骨的图像！"

此时，最激动的是维林盖尔医生。他们把小狗达克斯的骨骼的图像像拼图玩具一样地拼接起来，一个 S 形的完整椎骨影像就出现在他们面前了。维林盖尔医生还指着图像上的一块有 4 个小白孔的黑色圆斑说："瞧，小狗达克斯的胃里有一枚纽扣！"

伦琴夫人对于离家只有咫尺远而 6 个礼拜不回家的教授十分恼怒。这天，她决定亲自去送饭。沉默寡言的伦琴无论如何也解释不清楚，就把妻子的手放在一块感光板上，为她拍了一张 X 光相片。

当他的妻子看到照片上自己秀美的小手只剩下骨骼的时候，不仅大吃一惊。上面还有一枚伦琴送给她的结婚戒指，伦琴夫人幸福地笑了，她知道这是她一个多月来独守空房的代价。为了全人类，这个代价是值得的。

用 X 射线透视检查人体内部情况的 X 光透视机就这样有了发明的雏形。

X 射线发现才 4 天，美国医生就用它找出了病人腿上的子弹。企业家蜂拥而至，出高价购买 X 射线技术，50 万、100 万，出价越来越高。

"哪怕是 1000 万，我也不卖。"伦琴淡淡地一笑答道，"我的发现属于全人类。但愿这一发现能被全世界科学家所利用。这样，就会更好地服务于人类……"

因此，伦琴没有为 X 光照相申请专利权。他知道，如果这项技术被一家大公司独占，穷人就出不起钱去照 X 光照片。爱迪生得知这个消息后深受感动。他为接收 X 光发明了一种极好的荧光屏，和 X 光射线管配合使用，他也同样没有为这一技术发明申请专利权。

"看！狗肚子里有颗纽扣。"

在诺贝尔逝世 5 年以后，首次颁发诺贝尔所奠基的诺贝尔奖，伦琴是第一个获物理学奖的人。他高兴地接收了诺贝尔奖金，但是却把数额为 5 万瑞典克罗纳的奖金转赠给沃兹堡大学。

31　X 光机的新突破

——CT 机

伦琴发现了 X 射线，为人类带来了福音，特别是在征服肺病上立下了汗马功劳。

但是，它也有些缺点，例如：X 射线透视在诊断肿瘤的时候，就常常力不从心了，这是因为，人体是立体的，照在一张平面的底片上，影像互相重叠，前面的影子挡住后面的影子，没有立体感，分不清楚毛病到底出在哪里，这件事情引起了美国物理学家科马克的思考。科马克出生在南非，1955 年他在一家医院照管放射科的工作，他不是医生，但是按照南非的法律，医院在进行放射性治疗的时候必须有物理学家的监督。在放射科的工作中，物理学家科马克很快就对癌症的诊断和治疗发生了兴趣，他同时发现了 X 射线在诊断上的缺点，由此萌发了一个要改进放射治疗的念头。

不同的器官、组织的密度不同。例如，水的密度就和肌肉的密度不同，体内发生了某些病变后，如炎症和肿瘤，它们的密度和正常的组织不同。X 射线透过这些密度不同的组织后，强度就会变化，反映在荧光屏或胶片上会出现不同的阴影，但是这些阴影会互相重叠在一起。

怎样才能区别出重叠的影子来呢？科马克在心中琢磨着。

科马克想到，1917 年，奥地利的数学家雷杜提出过一种方法，道理很简单，对一个立体物只要从前后、上下、左右、深浅几个角度表现，就可以充分地表现出它的立体特征。例如，有一棵树，树后面站着一个人，从前面看，看不见这个人，但是转一个方向看，就可以看到他。过去的 X 射线透视两个重叠的器官时，影子重合在一起就分不开，如果转一个方向看，两个影子不就会分开了吗！这是一般的常识。所以利用 X 射线源，从不同的角度来照射，就可以解决影子重叠的问题，可以看到不同器官的影子。这就是科马克发明 X 射线断层扫描仪（简称 CT）的基本原理，这个道理任何人都能明白，但是在实际操作中则很难实现。

1956 年，科马克首先研究各种物质对于 X 射线吸收量的数学公式，以便从 X 射线照射时留下的影像，反过来推断物质的性质。他开始用铝和木头制成圆柱体做实验，然后逐渐过渡到人体模型，经过十几年的研究，他初步形成了一套理论体系。

豪斯菲尔德并没有把这件事进行到底，因为在计算机技术不甚发达的当时，把这个思想付诸实施有一定的困难。

根据豪斯菲尔德的理论体系，最后制成 CT 扫描仪的人，是英国的豪斯菲尔德。豪斯菲尔德是一名计算机专家，1918 年出生在英国的农村，从小就喜欢动手，13 岁的时候就用一些零件制成一台电唱机，15 岁时制成了一台收音机。1951 年，他在法拉第·豪斯电气工程学院毕业后不久，就主持研究英国第一台晶体管电子计算机，他曾经研制出一台能识别印刷字体的计算机。

1969 年底，他开始着手研究第一台 CT 样机，他把接受器得到的信号输入到计算机中，存贮起来，然后进行分析和计算，最后显示出一张张清晰可见的反映人体内部各个断层的图像，比一般的 X 光照片的分辨能力要高 100 倍，就是直径只有几个毫米的肿瘤也可以看见，样机于 1970 年 10 月完成。由于当时的计算机很不完善，处理第一个断层整整用了两天的时间，这太慢了，不能实用，后来改用了更好的计算机系统，这个问题才得到解决。1972 年豪斯菲尔德制成了第一台 CT 机，引

起广泛的注意，从此CT扫描技术很快得到世界的公认。

当我们去做CT检查的时候，你会看到一台乳白色的大型机器，中间有一个舒适的检查床，当病人躺在床上后，检查床会自动地把病人送进一个圆洞里。如果需要检查头部X射线管在患者的头部旋转，在头的下方放置接收器。一束束的X射线，横切的射向人体，射进人体后，一部分X射线被人体吸收，另一部分透过人体被人体下面的X射线接收器接收，由于人体的正常组织和器官与病变的组织和器官对X射线

用CT机诊断病情

的吸收和透射的程度不同，接收器接到的信息就不同。当 X 射线管绕受检者的身体旋转时，X 射线就从各个角度、各个方向来进行投影，投影的角度越多，关于人体的信息就得到的越多。通过计算机计算，最后就会摄出一张或数张 X 射线底片，从各个角度或不同层面清晰地呈现出人体的组织，就是隐蔽在某个组织后面的一个极小的肿瘤也可以看到。

1979 年，豪斯菲尔德和科马克共同获得诺贝尔生理学及医学奖。他们两个人都不是学医学的，而且在学历上都没有读到博士。他们都没有想到自己会获得诺贝尔奖，因为他们不是为获奖而工作、而研究、而发明的，但是他们的功绩，人类永远不会忘记。有人说，没有 CT 扫描仪，现代的神经内科和神经外科根本就无法工作。

32　更上一层楼

——核磁共振成像

我们前面讲了 X 光机、CT 机。它们都能帮助医生看到人体的内部，虽然本领一个比一个强，但是比起下面介绍的核磁共振成像要差许多。核磁共振成像虽然最年轻，但是本领最大，它可以给出人体任意部位、任意方向的断层图像，得到的图像清晰、准确，即使很小的肿瘤也可以被发现，人体骨骼也不会影响诊断。核磁共振成像不像 X 光机那样有较强的电离辐射，所以使用核磁共振成像您尽可放心，不会对您的身体健康有影响。但是核磁共振成像原理复杂，价格昂贵，因此还没有太普及。

如果去进行核磁共振检查的时候，要做哪些事情呢？简单地说，有

三个步骤:

1. 把人体放入一个强磁场中,使人体磁化;

2. 向人体发射合适频率的无线电波,使人体内磁化的氢质子产生共振;

3. 关闭无线电波,此时人体每一个原子都会向外发射电磁波,用天线接受采集这些电波,再用计算机进行计算、分析,最后在荧屏上显示出图像。

人体为什么会发射电磁波呢?

这是由于人体内磁化的氢质子和外来的电磁波产生共振。

1946 年,美国加州斯坦福大学的布洛赫和麻省哈佛大学的珀塞尔分别发现了核磁共振现象,为此两人共同获得了 1952 年的诺贝尔物理学奖。

先说说布洛赫。1905 年 10 月 23 日,布洛赫生于瑞士北部的苏黎世城,小时候就是一个兴趣广泛、勤奋好学的孩子。上学时对自然科学有浓厚的兴趣。他父亲本来希望他成为一名工程师,于是他投考了联邦工程技术学院,攻读工科。但是布洛赫的教授们发现,布洛赫是一个搞科研的苗子,如果搞自然科学基础理论的研究,定会成为一个有作为的人。

1934 年,布洛赫应斯坦福大学的邀请,到美国加利福尼亚工作。此后,在美国定居。布洛赫最初主要研究物质的固体状态和物质的磁性。他在这些研究中取得了一系列重要成就。

1941 年,在第二次世界大战期间,布洛赫应美国政府要求加入雷达的研究,对雷达事业的发展做出了一定的贡献。雷达能发射出强大的电磁波,在这种强电磁波的作用下,一些物质会受到激发发出二次电磁波。这件事情启发了布洛赫。

科学家发现原子核里的带正电的质子存在着一种自旋状态,像一个电陀螺。俗话讲,有电就有磁,有磁就有电。电和磁密不可分,电荷的旋转会产生磁性。

布洛赫于 1945 年辞去了政府工作，重新回到斯坦福大学。不久，他便发明了利用无线电波来观察核子在磁场中的活动情况，从而创立了核子磁力测量法。当时，有些人持怀疑态度，甚至吹毛求疵。所幸哈佛大学的爱德华·米尔斯·珀塞尔教授不约而同地发表了与布洛赫同样的学术理论。

再说说那位著名物理学家爱德华·米尔斯·珀塞尔，他于 1912 年出生在美国中部伊利诺斯州的泰勒镇。当珀塞尔获得诺贝尔奖的消息传到他的家乡时，父老们无不惊讶，不相信这是真的。有的甚至说："爱迪（乡亲们对珀塞尔的爱称）那么滑稽、顽皮，不可能获奖吧！"是的，珀塞尔小时候确实顽皮、好动、好奇心强，在家乡是出了名的。不过，他那种顽皮绝不是胡闹，而是出于对周围事物的新鲜感，什么都想亲自试一试。也许正是这种性格，才使他后来在科学上有所造诣。

1933 年珀塞尔在印第安那州普顿大学毕业，获物理学学士学位。他的毕业成绩名列第一，因此 21 岁时他就蜚声全校了。1938 年获得博士学位。

有趣的是，第二次世界大战期间，和布洛赫一样，珀塞尔也参与和主持军用雷达的研制和改进工作。1946 年，他在哈佛大学工作期间发现了物质的核磁共振现象。

对核磁共振的研究开始时主要用于研究物质的分子结构。近年来，开始在检查人体上使用。人体由原子组成，原子由原子核和电子组成，原子核内的质子带正电，质子可围绕一个轴进行自转。带正电的质子的运动就会产生磁场，所以人体是一个带电的有磁场的电磁系统。

当人体放入磁场被磁化后，人体内的无数微小磁场就产生有规律的运动。在这种情况下便能吸收从外面发来的电磁波而产生共振。并发射出相应的电磁波。

环绕人体的线圈就是一个天线，这就好像日常生活收视电视台发出的无线电波一样，通过天线接收，调到相应的频道收到信号，再转换成我们看到的图像。由于人体中发生病变组织的氢质子含量与正常组织不

同，因此它在核磁共振时发出的信息也与正常组织不同，计算机可以从产生的不同信号精确地绘出相应的图像。对骨骼、肌肉、关节、纵膈、肝、脾、胰、肾及腹膜等病变的检查有其独到之处，有些甚至是惟一的手段，如对膝关节、肩关节的检查。

33   突破心脏的禁区

——心肺机

1930 年，美国波士顿麻省中心医院，一个病人在做完胆囊手术以后，突然左胸剧痛，脉搏减弱，血压降到 50。这一切表明出现了一种可怕的并发症——肺动脉血栓。倘若这种病发生在今天，问题就很简单，只要打开患者的胸腔，除去血凝块，病症就可缓解或消失，然而这是在 1930 年。千百年来，心脏一直被视为手术的禁区。

做心脏手术要停止血液循环，而血液循环停止 6 分钟后，大脑便会因为得不到氧气而出现无可挽救的死亡。6 分钟的时间，即使只进行最简单的心脏外科手术，大夫也是来不及的，何况它还不是一般的小手术。主治医生邱吉尔了解这一切，所以他只有希望能出现奇迹，也许血液能冲开凝块。于是他吩咐把病人送到手术室进行观察，并指定他的一个助手约翰·吉伯恩守护在病人的身边。

吉伯恩是一个实习医生，他一直守护了 17 个小时。看着病人痛苦万状的煎熬，却无能为力，吉伯恩的头脑很不平静。他一直在思考着一个能把病人从死亡线上拉回来的手术，这个手术并不复杂，麻醉、切开喉管、钳住肺动脉（止血）、冲洗血凝块、缝合，关键是要中止血液循环。

"能不能利用一个人造的体外的心肺机器来代替人体原来的心肺功能呢?"

这个设想不断出现在吉伯恩的脑海里。

第二天的上午,8点零5分,吉伯恩测不到病人的血压,他立即通知主治医生,邱吉尔决定立即切开病人的胸腔,手术结束的时间是8点12分,只用了7分钟。尽管手术做得很漂亮,但是病人死了。这是世界上的第一例心脏手术,虽然失败了,但是却坚定了吉伯恩研究人工心肺机的决心。

5年以后,吉伯恩和他的妻子玛莉在实验室里完成了第一部心肺机。吉伯恩的第一部人工心肺机工作达3小时50分钟之久。

心肺机的原理并不复杂。它有一台血泵代替心脏做功使血液循环;还有一个人工肺,也叫氧合器,它代替肺使人体血液在人工循环中吸收氧气并不断地排出二氧化碳。但是还有许多的问题很难解决,例如:血液的抗凝固问题、血液的排异反应等,幸好这些问题前人已经进行过许多研究。用泵来代替心脏跳动的问题,过去也有人研究过,工业的发展又提供了大量的新型材料,使吉伯恩选择了一种滚子泵,它可以使血流维持一定的脉动,并可以控制一定的流量,因此吉伯恩对人工心肺机的研制是站在巨人肩膀上的。人的肺约有3亿个肺细胞,并有约84平方米的隔膜分隔空气和血液,所以吉伯恩设计的氧合器必须面积尽可能的大而且经久耐用。又过了18年,直到1953年,人工心肺机才研制成功,可见其研制的艰辛。

1952年,吉伯恩曾用他的人工心肺机为一个15个月的男孩子做心脏手术,不幸的是,这个男孩手术后死了,不过不是因为心肺机的功能不全,而是出于误诊,但这也并不能说明人工心肺机已经成功了。

直到1953年5月6日,吉伯恩又为一名18岁的病人做心脏手术,病人的血液靠体外心肺机循环了45分钟。这个病人的生命得到了挽救,后来还活得很好。6分钟的界限被突破了,这在历史上是一个值得纪念的日子。

美国国立心脏研究院在 1949 年颁发的第一笔奖金中，有 2 万多美元是给吉伯恩的，以表彰他对治疗心脏病的贡献。

34 铝做的心

——第一颗人造心脏

人工心肺机只能暂时代替人体心脏和肺脏的功能，对于已经受到严重损坏的心脏，是不是可以换一个人造的心呢？这种愿望，看来犹如神话，但是已经实现了。最成功的一例换心手术，术后生存时间已达 14 年。但是，每个人只有一颗心脏，因此真正心脏的来源很有限，要求高，病人常常也不能立即得到合适的心脏，能不能用人造的心脏来代替真正的心脏呢？

1982 年 12 月初，美国犹他州首府盐湖城传出一条轰动世界的医学新闻：一个用塑料－铝制的人工心脏植入人体成功，这颗人造心脏实际上是一个血液泵。犹他大学人工心脏研究所的负责人是科尔夫博士，远在 60 年代他就着手心脏移植的可行性研究。1971 年，杰维克参加进来，他们制成了独特的人工心脏样机，杰维克用整块的铝做成人工心室，这样可以避免漏气，又用富有弹性的材料做成心室膈膜。

接受人工心脏手术的病人是一位 61 岁的退休牙医，德弗利斯大夫在犹他大学的医疗中心为这个濒于死亡的人做手术，切除了两个衰弱无力的心室，保留两个心房，再植入人工心脏。

经过 5 个多小时的手术后，病人的人工心脏开始在体内工作了。病人的血压正常，其数值相当一个小伙子的血压，半天后病人醒过来，向守候在身边的妻子点头示意，并向医生摇摇头表示自己不疼。这又是一个伟大的创举。

人工心脏的一个大问题是动力,该用什么方法维持心脏的跳动呢?杰维克这次采用的是压缩空气,设备体积非常庞大。病人离不开它,又不能带着它,只能在屋子里活动。杰维克设想:终有一天会做成一种可携带的空气机系统,大小和公事包一样,用原子电池供电,这样病人就可以带着它在户外自由活动了。

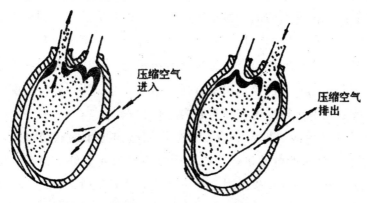

用压缩空气驱动人造心脏工作

目前,人造心脏的技术还不完全成熟,但是发展前途是可观的,随着科学技术的发展,人类制服头号"杀手"——心脏病的日子为期不远了。

35　神奇的人体飞船

——肠道探测器

1966年,在美国曾上演了一部科幻电影《奇异的航行》,电影描写一艘微型的潜艇在人体内周游的故事。没想到这部科幻电影，竟预示了微型机械时代的到来，没隔多少年，科学家就开始把它变成了现实。

法国科学家研制的一种肠内探测器，长4厘米，直径约1厘米，里面装满了电子器件、自动记录器、微电脑和微型齿轮。它的外型很像一个宇宙飞船，所以被誉为"神奇的人体飞船"。这种探测器进入肠道后，可以借助齿轮沿着肠道运动，并通过微型电子发射器，将肠内的情况如实地发射给人体外面的电子显示屏上。它还能吸取肠液，利用自带的微型实验室来分析肠液的酸性、温度以及各种食物的可消化程度等。如果肠内有溃疡，它还能按指令在病患处涂抹药物。在探测器的顶端还安装着一架超微型电视摄像仪，用来直播沿途图像。探测器还可以配上微型手术刀或激光器，通过遥控在腹腔内进行手术。

1988年，美国加州大学伯克利分校制造出更小的超微型机器——一台直径60微米的电动机，它的转子比头发丝还要细。当在美国电气工程师学会召开的微型机械讨论会上放映它的录像时，引起了轰动，于是掀起了研究微型机械的浪潮。威斯康星大学制成的微型马达可以驱动7个齿轮，这些齿轮的大小不过数十微米，厚度100微米，像血细胞一样大小。

如此微型的机械是怎样造出来的呢？

原来工程师借用了电子工业中成熟的集成电路制作工艺，在一块硅片上可以制造16个甚至更多的微型电动机。微型电动机和传统的电动机不同，它是靠定子和转子之间的静电力驱动的。把正负电压分别施加在相隔180°的一对定子电极上，定子的其余两极接地。结果，当定子上的电位按规律变化时，电动机便奇迹般地转动起来了，这种电动机每分钟可达15000转，在实验中曾连续运行9个多月。将微型机器与计算机芯片做在一起，就是有智能的小机器人。

有了微型机械，医学治疗前景可大为改观。微型机械可以在血液中从事奇特的运输工作，它可以连续监视糖尿病人的葡萄糖的浓度并输送胰岛素给他。在匹兹堡的卡内基梅隆大学，制成了一个不宽于3根头发丝的液轮，这个液轮就像一个水轮一样，在血液流过它的时候转动，这样就可以靠着血液的动力使这个像铣刀一样的装置转动起来，沿着动脉清除动脉壁上的粥样硬化沉积物。

微型机械不可能插在电源插座上，那么如何给它输送能量呢？微型电动机是用静电转动的，日本科学家认为，可以利用人体葡萄糖—血糖来推动电动机。血糖可以在两个微电极顶端之间被氧化，产生电能，这样的电池可以将一个药胶囊推送到指定的部位。

微型剪刀及微型圆锯还可以进行精密手术，如切割视网膜的伤疤组织。美国加州大学伯克利分校的马斯特拉格洛在 1991 年制作了一个硅灯泡，它比一根头发还细，可以装在注射器的针头上，与光学传感器配合，对可疑的肿块进行活体组织检查，因为肿瘤比健康组织更不透光，经过光的照射就能区别出来了。微型机器可以用于杀灭癌细胞和病毒。当它们的能量耗尽时，就不知不觉地从膀胱排出体外。

如果我们有足够的想像力，微型机械还可以在其他各个领域找到许多用处。正如美国国家科学基金会的黑兹里格说的那样："30 年后，这项技术将无处不在。"

36　与原子弹齐名

——青霉素

1876 年，英国的物理学家丁达尔在试管里装上肉汤后忘记了处理，过了数日，发现肉汤并没有变臭，在汤的表面长出来许多青霉，而汤的下面，则是清清的。

丁达尔是一位优秀的科学家，他没有放过这个现象，他认为这是霉菌和细菌的生存竞争，最后，霉菌战胜了。可是他只把这一重大的发现发表在物理杂志上，因此没有引起生物学家的注意。

1928年，英国圣玛丽学院的细菌学家弗莱明也偶然发现了这种现象。他正在研究葡萄球菌，在培养皿里进行细菌培养，空中飘浮的微生物，总会飘落在培养皿里，妨碍正常实验的进行。有一次，他发现一个培养皿中由于受到空气中霉菌的污染，长出了一种绿色霉菌，奇怪的是在霉菌附近的葡萄球菌全部消失了。

为什么绿霉的周围没有其他的细菌呢？此事引起了弗莱明的深思。一定是绿霉的分泌物杀死了它们，这是一个新的发现。弗莱明把这些绿霉称为青霉菌，他认为，这些青霉菌是从空气中偶然飘落在培养皿中的，必须有一种办法提取浓缩青霉菌的分泌物，才能确认对这一发现的分析是否正确。弗莱明和他的助手把青霉菌接种在肉汤里，等里面长满了绿色的青霉菌后进行过滤，得到了一小瓶澄清的滤液。他们发现这些青霉菌的分泌物杀菌能力空前，加水稀释百万倍后，仍然有杀菌作用。把这种液体注射到老鼠体内试一试，什么不良现象也没发生，可以肯定对动物无害，这说明青霉菌的分泌物有医用价值。

一天，弗莱明助手的手受伤化脓。弗莱明想了想说，我这里有一种现成的药，保证能把你的病治好。片刻后，他手里拿着一根蘸着药物的玻璃棒，在助手的手背上涂了涂说："明天就好。"

第二天，助手带着神秘的神色跑来问弗莱明道："教授，这是什么药，果然一次就痊愈了。好灵的药。"

"是青霉菌的分泌物。"弗莱明回答。

1929年，弗莱明公布了自己的实验结果，但是，弗莱明没有能力提炼出浓缩的青霉素，把它发展到实用。因为培养和提炼青霉素是一件非常困难的事情，要解决许多问题。后来，弗莱明的论文慢慢被大家遗忘了。

过了十几年，正是第二次世界大战时期，战场上需要有更好的药物以挽救大批伤病员的生命。澳大利亚的病理学家弗洛里注意到弗莱明以前发表的论文，弗洛里深知青霉素的价值，也知道工作的艰巨性，只有依靠集体的力量，各学科的协同作战，才能把青霉素从实验室推向实用。他一改弗莱明孤军作战的方法，希望大家一起来做这个工作。

1940年，在牛津大学任教的弗洛里得到了英国化学家钱恩的支持，并邀集了一大批热心的合作者，在他的领导下，艰苦的工作开始了。每天要洗刷几百个瓶子，配制上10吨的培养液，还要接种、分离、干燥……数不清的事情要去做。

1941年，一个病人因感染已濒临死亡。弗洛里对他使用了青霉素。第一次，用0.2克的青霉素进行静脉注射，此后，每3个小时注射0.1克。24小时后，患者的病情好转。第3天，意识已清楚，第5天，有了食欲想吃东西……但是到了第6天的时候，弗洛里培养的青霉素已经用完，患者的病情再度恶化，不幸死亡。

当弗洛里培养的青霉素积攒了一汤匙的时候，他们又选了一个病人进行临床实验。这是一个15岁的少年，经过治疗，4周出院。但是，后来病情复发，青霉素又没有了，可怜的孩子重复了第一个患者的命运。两次实验的失败说明，没有充足的药物准备是不行的，于是需要进一步努力设法制出更多的青霉素。当他们又积攒了充足的青霉素后，对第三个、第四个病人的治疗，都得到了成功。

由于德国法西斯不断空袭英国，无法大规模生产青霉素，他们只好来到没参战的美国，并得到了美国政府经济上的支持，开始大规模生产青霉素。

在第二次世界大战中，青霉素救治了无数的病人，特别是及时挽救了无数因受伤而感染的伤病员的生命。人们把青霉素、原子弹、雷达并列为第二次世界大战的三大发明。

1945年，弗洛里、弗莱明和钱恩3人因青霉素的研究获诺贝尔奖。贺词中把青霉素的发明称为"现代医学上最有价值的贡献"，并强调指出他们是为共同目标而协作的模范。

37 土壤的馈赠

——链霉素

在 20 世纪初，提起肺病人人都会"谈虎变色"，肺病被宣布为不治之症。加拿大著名的医生白求恩，年轻的时候发现自己得了肺病后，为了避免传染，强迫妻子和自己离婚，否则他对自己就不进行任何治疗，他的妻子只好答应。白求恩后来试用了一种新的疗法，才治愈了自己的肺病。可见那时人们还认为肺病是一种可传染的而且是很可怕的病。

1944 年，美国的瓦库斯曼发现了能治愈肺病的链霉素。

瓦库斯曼 1888 年出生在俄国乌克兰的普里路卡，在务农为主的家庭里，瓦库斯曼从小就对土地有深厚的感情，22 岁随家人迁到美国。在大学读书的时候，他专门从事土壤细菌学的研究。自 19 世纪末以来，没有一个人像他那样对土壤微生物进行过周密、精细的研究。1924 年，他所在的研究所接到结核病协会提出的一个任务：研究进入土壤里的结核菌哪里去了？

这是一个有趣的问题，当时人们虽然没有找到治疗肺病的药物，但是已经认识到，肺病是由一种结核菌传染的，而且已经发现，结核菌不能在土壤里存活，是不是土壤里有一种能杀灭结核菌的东西呢？

瓦库斯曼将这个任务交给一个学生，经过 3 年的研究，确认结核病菌进入土壤中，最终确实完全消失不存在了。是否被土壤中的微生物杀死了？土壤中的微生物和结核病的病原菌有什么关系？这些微生物对人类的医疗事业能起什么作用？这些问题非常值得思考和做进一步的研究。

　　土壤里的微生物成千上万，寻找起来并不容易。1939年，瓦库斯曼的研究室里，到处摆满了培养取自土壤的霉菌和微生物的培养皿，因为在一块土壤里有上千种微生物，而它们的生活习性和条件又各不相同。研究人员要将它们一一分离，进行单独培养，然后才能逐个进行对结核病菌的杀菌实验。一年过去了，经过实验的微生物已经超过了2000种，1941年达到5000种。这项研究真是一个细致又艰苦的工作。

　　1940年，瓦库斯曼终于从培养的微生物中得到一种新的药物，通过动物实验，证明对杀灭结核菌疗效显著。正当研究所的人兴高采烈的时候，经过实验的动物却相继死去，实验动物的死亡，说明新药有毒性，不能在人体上应用。

　　战斗在继续，7000种，8000种，瓦库斯曼和他的助手的研究工作已经进行到10000多种实验，总算又发现了他们认为理想的药物。1943年，他们从链丝菌中分离出一种完全符合要求的细菌分泌物，并发现它可以对结核杆菌产生抑制作用。

　　1944年1月，瓦库斯曼和他的助手阿尔伯特·舒茨及伊丽莎白·布姬宣布了链霉素的发现，并证明了它的医疗价值。从此人类摆脱了肺结核这个病魔的缠绕。

　　链霉素的出现还促进了土霉素、金霉素和新霉素等一系列新的抗生素的发现，使人类战胜了许多种疾病，延长了人类的寿命。

　　1952年，瓦库斯曼荣获诺贝尔生理学和医学奖。

38 与火箭齐名

——拉链

请设想一下，在拉链发明以前，穿一件衣服要扣 49 个纽扣，穿一双靴子又要扣 30 个纽扣的生活，你一定会体会到在发明拉链之后，那些爱穿紧身衣的人对于拉链会有多么欢迎啦。所以，有人认为，拉链的发明应与火箭的发明齐名，这对于拉链也许是当之无愧的。

观察一下拉链，它不过是由一排凸形的齿和一排凹状的齿组成的。不要小瞧这根小小的拉链，它的加工精度必须精确到一根头发的 1/30，才能来去自如。如果你的拉链常常拉不拢，或者突然脱开让你当众出丑，那这拉链一定是伪劣产品。

最初的拉链是美国一个叫贾德森的芝加哥的工程师发明的。据说他长得很胖，腆着一个大肚子，弯下腰来扣靴子上的扣子太不方便了，便动脑筋发明了一个"一拉就得"的靴扣，以解决穿高统靴时扣扣或扣钩的困难。但是，他发明的那种拉链不知道什么时候就会突然裂开，令人担忧，所以没有人敢使用这种东西。

后来，瑞典人桑巴克于 1913 年改进了那种粗糙的拉链结构，发明了现在的拉链。

现在的拉链只能一点一点的拉开，不能同时分开，只有上面的小齿分开后，下面的齿才能分开，就像摞在一起的盘子，只能一个一个的拿，想从中间抽出一个是不可能的，这样就保证了拉链的牢固性。

第一次世界大战中，美国政府最先订购了大批拉链来制作军服，拉链使军人的穿衣速度提高了许多倍，有利于作战时对响应速度的需要。

在法国，拉链最早也是出现在飞行员和海员服装上。

尽管拉链在军事上有了应用，工厂主仍然不敢大量投入生产，但也不乏支持者，一位名叫弗朗科的小说家就是极热心的推广者。他出入名流社会总是带着拉链，一有机会就宣传。在一次工商界的午餐会上，他举起拉链对到会的商界老板和太太们说："请看，这是最近设计出来的拉链，一拉，它就开，再一拉，它就关上了。太太们，你们穿紧身衣的时候再也不会麻烦了。拉链会使您的体形更加动人！"

这次，打动了一位时装设计家夏珀雷莉。1930年，她开始用拉链制作妇女时装，一件从脖子到下摆装有拉链的长裙引起了轰动，还给不景气的服装市场注入了活力。

有的人看不起小发明，可是，如果这个小发明会解决大问题，那么

"夫人！拉链使您更加动人。"

这个发明就是最重要的！

39　煤焦油里的"黄金"

——苯胺紫染料

　　1862 年，在伦敦万国博览会的一个展台上，一瓶色彩纯正的紫色染料展示在参观者的面前，使人赞叹不已，因为在当时，天然紫染料极难得到，像黄金一样贵重。

　　当人们得知这些纯正的紫色是从一种又脏又黑的煤焦油中提炼出来的时候，简直不敢相信。烧过煤炉的人都知道，有时从烟筒上会滴下一种黏稠的黑色液体，它最讨厌，粘在衣服上就洗不下来，这就是煤焦油。

　　在用煤烧制炼钢用的焦炭时，就产生大量又黑又黏的煤焦油，当时煤焦油是废弃物，还污染环境，人人讨厌它。

　　但是，一位年轻的德国化学家珀金，却把全部精力用来研究这又黑又黏的煤焦油。因为珀金当时是德国著名化学家霍夫曼教授的学生，霍夫曼认为，煤是一种成分丰富的物质，虽然炼出了焦炭，但是煤焦油里很可能还有其他极有用的成分没有被发现。果然，不久珀金便从煤焦油中提炼出了苯胺。

　　苯胺是一种化合物，为无色液体，可以用来制造药物。当时，奎宁是一种需要量大又很珍贵的治疟疾的药物，但一直是从金鸡纳树皮中提取的。而金鸡纳树生长在遥远的南美洲，非常稀少。霍夫曼把人工合成奎宁的任务交给珀金。于是珀金想用苯胺为原料，来合成奎宁。但是合成奎宁的实验失败了，此时的珀金既失望又困倦，不过收尾工作还是要做的，这是他多年的习惯，他要把试管洗干净。可是，试管里有一种黑色的黏稠物质牢牢地附着在试管壁上，既无法用水冲下去，也不溶解在水里。

按照一般的经验，如果某种物质不能溶解在水里，往往可以用有机溶剂把它们溶解。珀金顺手拿起一瓶酒精，把它加到试管里，就在这一瞬间，珀金几乎惊骇得跳了起来。原来，酒精把试管里的黑色黏稠物质溶解了，在试管中出现了美丽夺目的紫色溶液。

珀金是一个思想很活跃的年轻人，他立刻意识到这个意外发现的意义，这种美丽的紫色溶液可能是一种很有用的物质。因此，他并没有把试管中的溶液当做废液倒掉，而是对溶液进行仔细的化学分析，并重复地做了很多次同样的合成实验。最后，他确认这种紫色物质是一种由苯胺衍生出来的化合物，它也许能够用做染料。

珀金把这种化合物送到珀希的一家染坊，请他们试验这种紫色物质是否能做染料。珀金很快就得到了答复，染坊认为这种紫色物质是一种很有实用价值的染料。珀金把这种世界上第一次用人工方法合成的染料称为苯胺紫，并申请了发明专利权。接着，当时还只有 18 岁的珀金，在格陵建成了以煤焦油为原料的生产苯胺紫的工厂，这是世界上第一座人工合成染料工厂。后来人们又用苯胺合成制造出各种鲜艳颜色的染料。

1906 年，即珀金临终的前一年，在伦敦举行了庆祝珀金发明苯胺紫染料 50 周年的国际性纪念活动，欧洲和美国的许多世界著名的科学家和企业家都应邀赴会，向珀金表示崇高的敬意。这时的珀金，已在有机化学领域卓有建树，会上，英王授予他爵士称号，德国化学学会授予他霍夫曼奖章，法国化学学会授予他拉瓦锡奖章。

许多发现和发明是来自偶然的事件，但是机遇只青睐于那些有准备的人，由于珀金对丑小鸭——煤焦油情有独钟，才使它变成了美丽的天鹅。

40 像蚕丝一样

——早期人造丝

相传在 4600 多年前的黄帝时代，中国就已经发明了养蚕缫丝。汉武帝时，通过丝绸之路，将丝绸传到中亚西亚、伊朗和印度等地，从此中国的丝绸扬名世界。

丝绸制品在各国都是高贵的服装和装饰品。可是从蚕那小小的嘴巴里吐出的丝，不能满足人们穿着的需要，因此许多科学家都在动脑筋，想发明一种人造丝。

最早动这个脑筋的是英国发明显微镜的列文虎克。他用自己制作的显微镜观察蜘蛛如何吐丝，发现蜘蛛从它肚子后面的小孔吐出来的开始是一种黏稠的液体，遇到空气才变成结实的蛛丝。在他的一篇论文《微物论》中提出了一个诱人的设想，他说："将来能找到一种办法，从丝网的小孔里向外喷压液体，就能像蚕一样吐出丝来。"列文虎克接着说，这种想法可以启发一些好奇的天才，去试一试，这是 17 世纪的事情。

法国的科学家卜翁是第一位探索人造丝的人。1740 年，他用高价让人们四处捕捉蜘蛛，一时竟饲养了上万只蜘蛛。通过大量艰苦的观察和实验，发现蛛丝是蜘蛛肚子里的一种黏液在空气中凝结而成的。为了证实这种想法，他剖开许多蜘蛛的腹壁，取出大量的黏液，再用人工的方法抽成细丝，还制成了世界上第一副"人造丝"手套。它至今还保存在巴黎国家研究所里。

用"杀鸡取卵"的办法制造的丝手套，不应该称为真正的人造丝。瑞士的化学家安德曼琢磨，为什么桑叶在蚕的肚子里就变成了蚕丝，这里面到底发生了什么反应？能不能造一个机器蚕，在它的肚子里也发生类似的反应，最后吐出丝来呢？应该给这种机器蚕吃些什么呢？

是桑叶吗？不行！桑叶要留着给真的蚕吃。

还是分析一下蚕丝里的成分吧："吃"的东西和"拉"出来的东西一定有联系才对。通过仔细的分析，安德曼发现，蚕丝中的主要成分是碳、氢、氧，还有氮。桑叶是碳水化合物，里面也含有大量的碳、氢、氧。安德曼想，木材纤维里也有类似的成分，只是没有氮。应该设法另外加一点氮，于是他想到硝酸，硝酸里有氮。他用硝酸来处理木材纤维，果然得到了人造丝。安德曼还申请了专利，但没有大量生产。后来，安德曼的人造丝慢慢地被人们忘记了。

过了20多年，到了1884年，法国生物学家巴斯德的助手夏尔多内在协助巴斯德研究蚕病的时候，也对人造丝产生了兴趣。他想，蚕吃的是桑叶，吐出来的是丝，这就是说，桑叶是人造丝的原料，蚕能做到，人也应该能做到。桑叶的主要成分是纤维素，但必须先把纤维素溶解在一种液体里，后来他发现，纤维素可以溶解在酒精和乙醚混合的溶液里变成黏稠的液体，他也做了一个机器蚕，通过只有0.1毫米的细孔挤出这种液体，迅速抽拉成为细丝，干燥后得到人造丝。

这种人造丝可以染上鲜艳的颜色，织成美丽的衣裳，1889年在巴黎博览会上展出，人造丝终于引起了人们的重视，"蚕能做到的，人也能做到"

早期人造丝是人类从蚕那里学来的。但是发展的道路是不平坦的，这种人造丝的质量不好，而且极易燃烧；而且价格比天然丝还要高。人造丝的工厂在第一次世界大战爆发时改建为火药工厂，因为制造人造丝的原料硝化纤维和制造炸药的原料硝化纤维是一回事。

41 粉丝的启示

——人造纤维

人造丝易燃烧的一个重要原因，是因为它用的材料是极易燃烧的硝化纤维。硝化纤维实际上是一种制造烈性炸药的原料，极不安全。所以，制造人造丝还要寻找一种新的材料。

德国化学家许维茨在一次偶然的机会中发现了一种新的材料。1857年的一天，他在做实验时碰翻了一个装酮氨溶液的容器，当他用棉花擦溶液的时候，惊奇地发现，棉团越擦越小，原来棉花被溶解了。棉花能被溶解，这在当时还是一个新发现，于是他在容器中又注满了酮氨溶液，干脆把棉花放进去，棉花果真慢慢地溶解，变成了一种黏稠的溶液，许维茨立即想到可用这种方法制造人造丝。

他和助手立即把这种溶液吸到针管里，然后再从针头口挤出来，溶液果然形成了一根细丝。不过这种人造丝非常脆弱，一碰就断。这可真伤脑筋，许维茨和助手连续工作了几天几夜，成果都不显著。

许维茨在助手的提议下决定休息一下，他们来到一家中国餐馆吃晚饭。晚饭的最后一道菜是地道的中国粉丝汤，汤中晶莹剔透的粉丝，立即引起了许维茨的注意，这不也是一种"人造丝"吗！

许维茨立即请来了餐馆的老板，仔细地询问粉丝的制作过程，老板请他们到厨房参观了制作粉丝的全过程。粉丝是一种淀粉制品，先把淀粉调成糊状，然后倒入一个底部有小孔的铁筒里，淀粉液从小孔里漏出流进滚滚的沸水里，立即凝结成均匀透亮的细丝。

粉丝的制作过程对许维茨有极大的启发，在制造人造丝的过程中，

粉丝给他带来灵感

是不是也应该有一种使之凝结的溶液呢？许维茨立即开始试制，最后他终于发现了这种溶液，是火碱溶液，火碱的化学名字是氢氧化钠。将棉花溶解在酮氨溶液里，然后用极细的喷嘴把棉花溶液挤压到氢氧化钠溶液中，就像做粉丝一样，棉花溶液凝结成了一种优良的人造丝。

这种人造丝织出的织物十分漂亮，不易燃烧，但是因为它的原料是棉花，棉花本来就是很好的纺织原料，用它造人造丝不合算。不过，这是一个良好的开端，启发人们努力向大自然去寻找更适宜、更经济的原料，后来人们想到，棉花实际就是植物纤维，别的植物像木材，它和棉花相似，应该也含有大量的纤维素。但是木材很硬，经过分析，发现是因为木材含有大量的木质素，才变得这么硬。如果能去掉木质素，木材就可以代替棉花了。科学家做了无数次实验，终于用木材为原料，制成了光洁明亮的人造丝。同时还发现，制作这种人造丝的便宜的材料到处都是：除了木材，还有棉梗、芦苇、玉米芯、稻草等植物纤维都可以作为生产人造丝的原料。

以上的人造丝，虽然说是人造的，但还是没有离开天然的纤维素，科学家又寻找更广泛的材料，1938 年美国杜邦公司发表了一个广告：

"我公司利用煤、空气和水制成了一种丝。这是一种比蜘蛛丝还要细、比钢铁还要牢固的丝。"

这是他们发明的尼龙丝。在首次销售尼龙丝袜子的时候，街上人山人海，每一个妇女为能得到一双尼龙袜子而无比高兴。在第二次世界大战时，人们用尼龙做的降落伞，伞上尼龙绳索的强度比钢缆还好。

42   这也是发明？

——牛仔裤

如果你母亲为你做了一种新式样的书包或织了新花样的毛衣，你会认为这是一个重要发明而去申请专利吗？

"不会的，因为如果是这样，世界上的发明专利就太多了。"你也许会这样回答。

实际上，你可以申请一种叫做实用新型的专利，日本的一位老妇人发明了一种带兜的缝纫机盖单，就申请了专利，而且被一家公司买去。中国南方的一位小学生因为穿鞋时总分不清左右脚鞋常穿错，从而激发他发明了一种鞋垫，鞋垫上分别画着左脚和右脚，一看便知，他也申请了专利，而这项专利也被商家买去。

牛仔裤的发明也非常说明问题，牛仔裤是德国青年利维·施特劳斯发明的，他就是用这项小发明使自己成为了百万富翁。

1850 年，美国西部旧金山附近发现了金矿，人们纷纷涌向那里，想碰碰运气，也许能捡到一大块金子。

利维也来碰碰运气，没想到，这里已是人满为患。利维是一个身体较弱的人，他觉得自己竞争不过开金矿的工人，但利维过去有开杂货铺的经验，他看到，在这荒凉的地方突然增加了这么许多人，各种物品极度缺乏，连一杯白开水也能卖几个美分，是一个做买卖的好地方。他卖掉了母亲给他以备不时之需的钻戒，换了钱，买了日用品和衣物等，开了一个小杂货铺。果然不出所料，货物一售而空，而且挣了不少钱。

利维在想，下一步应该卖点什么？他发现矿工风餐露宿缺少帐篷，于是立即进了几大卷做帐篷用的帆布，但是这回可倒霉了，因为许多商人都运来了同样的帆布，竞争十分激烈。为了尽快收回资金，商人纷纷降价出售。小本经营的利维如果也这样做，就会一败涂地，负债累累，最后连家也不能归。

利维非常懊恼，漫无目的地在矿区游逛，和矿工聊天，听到一位矿工抱怨说："跑遍旧金山，买不到一条结实的裤子。"这话是怎么说起的呢？原来矿工们在矿上采矿，一不小心，裤子就会被嶙峋的石头撕破，他们非常需要结实的裤子！利维听了这句话，看见矿工的衣服都被撕得破碎，立即想到帆布有救了，他想那些准备做帐篷的帆布又厚又结实，正是做裤子的好材料。

于是他连夜找来了裁缝，让他们把那几卷粗帆布，裁成了各种不同尺码的裤子。几百条裤子做好了，一挂出去出售，矿工们见了都很喜欢，一天功夫，裤子全部卖光了。俗话说："一招鲜，吃遍天。"利维立即去买下那些正在廉价处理的粗帆布，用它给矿工做裤子。

有一天，一名叫阿尔卡利的找矿人来找利维。他要定做一种口袋很多的裤子，因为在山里找金矿，需要把矿石装在口袋里。尖锐的矿石常常把口袋撕烂；而且因为矿石很重，一般的口袋承受不住这么重的重量，为了使口袋结实些，阿尔卡利还建议利维在口袋的边上铆上一些铜钉，这样口袋就不易撕破脱落了。

利维按照这种要求做成了样式新颖又很结实的裤子，为了结实，还用皮革镶上边，交了阿尔卡利的定货。没想到那些青年矿工，都十分喜欢这种新式样的裤子，既漂亮，又非常结实耐穿。

淘金热潮很快平息了，但是利维设计的裤子却传开了，而且特别受到西部放牧青年的欢迎，因为这种裤子也很适合放牧的要求，又满足了青年人的爱美心理，于是这种裤子得名"牛仔裤"。到后来，不仅放牧的青年爱穿，城市的青年也爱穿了。

1871 年，利维·施特劳斯为自己的牛仔裤申请了专利，正式成立了利维·施特劳斯公司。这个公司后来发展成为国际性公司，产品遍及世界各地。

43　免于毁灭的文明

——石碑刻经

公元 476 年，穿着兽皮的哥特人吹着号角，冲进了罗马城，繁荣了几个世纪的罗马帝国灭亡了。哥特人首领阿拉列向攻城的士兵宣布，可以任意抢劫 3 天，巍峨的宫殿、壮丽的宫室，顿时化成一片焦土，无数的文物遭到灭顶之灾。这场战争给人类文化带来的重大损失是难于估量的，古希腊、古罗马的浩瀚知识和文献都收藏在两三个图书馆里，其中最大的图书馆在埃及的亚历山大，也不幸在战火中被焚。

历史上最伟大的剧作家之一，古希腊的索福克勒斯写的大约 100 多个剧本，而今天只流传下 7 部；许多古代的哲学家、诗人的作品只剩下个别残篇断阙，古代文明的大部分遗产都在这次浩劫中被毁灭了。

幸好，还有君士坦丁堡的一个图书馆幸存，这才使古希腊的文化遗产得以保留，这足以说明，印刷术的发明有多么重要。在没有印刷术以前，古时候的书籍都是用手抄写的，毁了就永远消失了。那时候，收藏十几本书，就是巨富的象征了。中国历史上秦始皇的焚书坑儒，也使一代文化在历史上消失。

秦始皇时代的书是写在竹简上的，更谈不上印刷流传。不过，在石头上刻字已广泛地出现，这对于保存文化遗产起了一定的作用，但是石头太重。秦始皇统一中国后，到处巡游刻石，把字刻在一种馒头状的石

一场大火烧毁了亚历山大的图书馆

鼓上，四面都刻着字。

到了公元 174 年，即东汉末年，文学家、书法家蔡邕和一些官员一道要求朝廷，把一些儒家经典刻在石碑上。因为，流传在老百姓手里的"书"都是用手抄的，互相抄来抄去，错误很多。

蔡邕亲自动手，把儒家经典写在石碑上，请石工刻好，一块块立在当时的最高学府——洛阳太学府的门前。石碑刚刚竖起来的时候，每天有 1000 多乘车辆，载着人前来观看摹写，真是车水马龙，盛况空前。

公元 4 世纪，人们发明了在石碑上拓印的办法，这样比摹写石碑要方便得多。人们把坚韧的纸用水润湿后，贴在石碑上，然后用棉布包着一些碎皮、帛絮，做成一个软锤子，轻轻的槌打湿纸，使纸紧紧的贴在石碑上。等纸干后，再用有墨的软锤在纸上再次槌打。由于石碑上的字是凹进去的，所以就形成了一张黑底白字的帖。拓印的出现，为我国印刷术的发明开辟了道路。"石头书"为保存人类的文明起了很大的作用，而且对印刷术的发明有启蒙作用，这一点是不容怀疑的。

44　文明的延续

——纸张

人类的文明之所以能发展，是由于人类能把文化保存下来，传给后代。但是在纸没有发明以前，保留文字是一件十分困难的事情。

在战国时，有一个思想家叫惠施，他旅行的时候，要带五辆车的书，人们常用"学富五车"来形容一个人的学识丰富，就是由此而来。其实用现在的水平看，这五车书大概只相当于现在的五本书。因为当时的书叫木简或竹简，都是把字写在木片和竹片上的，所以就很笨重和庞大了。当时的公文也都是这样写在竹简或木简上，一个大臣的一篇奏章写好后要用两个人才能抬进宫里，而皇帝每天要翻看的公文，大约有50多千克重。

后来，人们开始把字写在丝织品上，但是这只有少数的贵人才用得起，大部分人还是使用竹简。只有在纸出现后，记录事情才变得轻而易举，因此纸的发明在人类历史上具有十分重要的意义。

纸的制作最初是偶然发现的。人们在做丝棉的时候，要把蚕茧煮过后放在竹席上，再在河水里冲洗打烂。用过的竹席晾干后，人们发现那上面留下一层薄薄的丝棉片，剥下来后可以在上面写字，这就是原始的丝棉纸。但是，这种纸的原料太少，不能推广，后来就发明了用麻当原料来造纸，这是因为普通的平民百姓，用不起丝绸，只能用麻来制衣，从而发现细碎的麻纤维也能制成纸。现代考古学家在西安灞桥发掘出来的纸就是麻纤维的，可以说是世界上最早的植物纤维纸。

对造纸贡献最大的人是东汉的蔡伦。蔡伦出生在一个祖辈种田人的家中，由于从小长得聪明伶俐，幼年时被选入宫中，做了太监。蔡伦一生在宫廷做宦官46年，前后侍奉过4个幼帝。他在政治上也曾做过不光彩的事情，但是，在造纸方面的功绩，却留名于后世。

由于蔡伦兼任工官，所以对手工业十分有兴趣。只要一有空闲，就闭门谢客，亲自到工场察看。当时已有少量的麻纸，进贡到朝廷，太后很喜欢。为了讨好太后和皇帝，蔡伦便主持纸的研制。

早期的造纸工艺

蔡伦的造纸方法是：把树皮、破布、麻等用石臼捣碎后放在水里搅匀；加碱煮烂，然后再用抄具抄出薄薄的一层，使其干燥，这和现在的造纸技术的原理是相同的。公元 751 年，中国的远征军打到了阿拉伯，也把造纸技术传到了阿拉伯。西方人直到 13 世纪才从阿拉伯人那里学会了中国的造纸技术。

现在，造纸的原料越来越多，造纸的方法也花样翻新，纸的种类不断增多。在原料上，有人发明把石头熔化为岩浆，再拉成极细的丝制成一种石头纸，还有人用纸制成家具、器皿、桥梁。纸是一种可再生资源，对环境污染的影响较小，所以纸的用途越来越广。我们要节约用纸，并积极地回收废纸支援国家建设。

45 摔碎了的泥板

——活字印刷

前面说到的古罗马的悲剧今天再也不可能重演，因为，无论什么人都能收藏几十或几百本图书。现在，一个学校图书馆的藏书量，都可以和古代亚历山大的图书馆的收藏媲美。

印刷术的发明和发展，是人类社会发展进步的根源之一。使印刷术发生根本变化的发明是活字印刷。

中国大约在唐朝就出现了雕版印刷，方法是把木头锯成一块块木板，然后就像现在刻图章一样，在上面刻上大段的文章，每块木板可以印一页书。当时为了印一部儒家经典，先后花了 22 年的时间，才把雕版全部刻成。而书印完了，这些花费巨大人力雕成的印板也就束之高阁，没有什么用处了。

北宋时期，有一个叫毕升的人发明了活字印刷。在当时对于普通人来说，书还是一种奢侈品，毕升是一个平民，他买不起书更上不起学。但是毕升是一个极爱学习的人，他经常用湿泥巴作纸，用一根树枝在上面写字，泥巴干了字迹便保留在上面，他常把借来的书抄在泥上。干泥巴不结实一碰就碎，还会龟裂出许多细纹，字迹看不清楚。于是毕升想起烧砖的办法，他用柴草把上面用树枝写了字的泥板烧硬，不久就有了许多这样的泥板，而且还可以用这些泥板在纸上印出字来。

一天，村里的私塾先生到他家里，看到堆积如山的泥板，深深地为毕升的好学精神所感动，并对毕升的书法大加赞赏，于是就把毕升介绍到一个印刷作坊当学徒。

毕升有一双灵巧的手，很快就掌握了雕版印刷的全部技能。雕刻木板是一件十分艰苦的工作。雕版要选坚硬的木头，刻刀常把手指磨出血来，一块雕版只是书的一页，而一本书有很多页，为了印一本书，雕版工人要雕许多块板，花费大量时间，而且中间不能雕错字，因为整块的板是不能改动其中哪怕是一个字的。

毕升在刻板时，常常想到他少年时雕刻泥巴时的情形，能不能把雕刻木板变成雕刻泥板呢？

他的想法没有得到别人的支持，反而受到耻笑，说他是一个不守本分怕困难的人。自古以来，印书都是这样做的，连雕版用什么样的木头都不能变，还想换成泥的，真是异想天开。

毕升并没有气馁，他用业余时间进行试验，好在泥土有的是，不用花本钱。日夜的工作和柴火的烟熏火燎，使他的两眼通红，不断流泪，他的母亲心疼地劝他不要再熬夜了。

但是，毕升对自己的想法坚定不移。但泥板和木板不同，刻有整页书的泥板很重，不好移动，烧过后因为受热，容易发生变形，不平整，影响印刷质量，翘起来了的地方就印不上。毕升虚心地向烧砖的工人请教，不断地改进烧制的方法，但是效果都不理想。有一天，他精心烧好的一块泥板被摔碎了，他发现把打碎的泥板拼起来印出的书页反倒十分

清楚，泥板碎块越小越容易印。他高兴得跳起来，因为在他的脑子里突然蹦出一个想法：能不能做许多小泥块，每个小泥块上面只刻一个字，然后用这些小泥块拼成一大块印板呢？这样不仅印板平整，每个字块还可以重复使用。

于是毕升制作了一个个四方长柱体，每个长柱体上面刻上一个凸出的反字，一个铜钱厚，然后用火烧，陶化变硬。活字做成了，但是怎样把它们拢在一起拼成一整块版，以便用来印刷呢？

活字印刷的创始人——毕升

开始，毕升用绳子把这些泥做的陶字捆在一起，但是这些字的尺寸不完全一致，高矮不等。字一多了就很不平整，于是他又想了一个办法，准备了一块大铁板，放上松香和蜡，在铁板的周围围上一个铁框。把制成的陶活字按照文章密密麻麻地排在里面，满一铁框为一版。然后把它放在火上加热，松香和蜡遇热软化后形成很黏的东西，再用一块平板在活字上面压平，等冷下来，一块活字版就做成了。

由于这种活泥字版能压得很平整，跟木雕版的效果一样，涂上墨就可以印刷了。印过后用火一烤，铁板上的活字便一个个脱落下来，将它们一一整理好再排版，可以用它们再组成新的版面。为了提高效率，毕升用两块铁板，交替进行，一个人排字，一个人印刷，两块板交替使用，印得就快多了。

毕升把常用的字刻了20多个，可以反复使用；遇到没有准备的冷僻的字就现刻现烧，非常方便。这就是世界上最早的活字印刷术，这种胶泥做成的活字叫泥活字。

到了元朝，另一位名叫王祯的官员，正在安徽族德县做县令，他将泥活字改为用木头做的木活字。他一共制作了3000多个木活字，用这套活字排印了自己纂修的《大德旌德县志》，全书6000多字，不到一个月就印了100多部。

中国的活字印刷首先传到朝鲜，朝鲜开始也是使用泥活字，后来改用木活字和铜活字。16世纪，日本侵略朝鲜，抢去了不少木活字和铜活字，从而也学会了活字印刷。活字印刷对世界文明的传播和交流起了巨大的作用。

46　西方印刷术的鼻祖

——谷登堡活字印刷

德国美因茨有个金匠叫谷登堡，他本来有一个富裕的家庭，但是他的家乡发生了村民械斗，谷登堡家族支持的一方在这场械斗中被击败了，他们一家不得不仓促逃到特拉斯堡。在特拉斯堡，谷登堡做切削宝石、制造镜子的手工艺，并致力于活字印刷的发明研究。

虽然此时在中国早已使用活字印刷，但是欧洲人并不知道。在谷登堡以前，人们是把整篇的文章刻在一块木板上，一块木板只能印一页文章，文字常常刻得十分粗糙。谷登堡首先用铜来铸造活字字模，后来又发现用铅、锡、锑铸造出来的活字，软硬适度，字型美观。谷登堡在一些细长的小金属棒的一端，精确地铸成反写字母，然后将这些金属字模排成待印的文章。他还研制了一种木制的印刷机，可以在纸张的两面印刷，还发明了印刷油墨。

1448 年，谷登堡回到美因茨，这时他研制的印刷机已达到了很完善的程度。他变卖了旧宅田园，还向当地富商福斯特借了 800 荷兰盾，两人合作从事活字印刷的研究和试制。

1454 年，谷登堡印出了第一本圣经，这是世界上最早的圣经印刷本。他印出的圣经不仅字迹清楚，而且有精美的插图。

正当谷登堡一心一意向着成功迈进的时候，没想到有人正想摘他的桃子。原来福斯特一直在暗暗盯着谷登堡的成功。虽然谷登堡应允偿还债务的期限已到，但福斯特并不催逼，这使谷登堡非常感激，其实这里面暗藏着福斯特的祸心。就在谷登堡的印刷机印出第一版圣经的时候，一向"慷慨大方"的福斯特却一反常态，借故要求谷登堡立即偿还全部债务，一天也不能迟缓，并且上诉到法庭。经过法庭判决，谷登堡败诉，法庭把谷登堡的全部印刷工具和印刷机械判给了福斯特。福斯特因此发了财，而谷登堡则落得一贫如洗。

谷登堡没有灰心，后来又筹措了一些资金，又在美因茨建立了一个活字印刷所，许多人慕名到那里学徒，所以它成了一所印刷学校。

1462年，谷登堡的印刷所受到战火洗劫，被付之一炬。在他的印刷所工作过的人流散到世界各地，分别在其他的地方开设了印刷所，活字印刷开始在世界上传开了。

而谷登堡则因债务累累，到了晚年，贫病交加，于1468年死于美因茨。然而，活字印刷术的发明促进了欧洲科学、文化的交流，酝酿着文艺复兴时代的到来。谷登堡的功绩没有被人遗忘。

47 告别铅与火

——电子排版

谷登堡发明了金属活字印刷，金属活字模是用铅、锡、锑等铸造出来的，在铸字车间里，到处充满了这些金属在熔化浇铸时产生的有毒气体，给排字工人的健康带来了极坏的影响。铅字的重量很大，搬来搬去也很不方便。

进入计算机时代后，国外开始使用计算机及激光照排机进行印刷术的改革。印刷工人从而脱离了铅和火的苦海。而中国采用计算机及激光照排，则步履艰难，虽然毕升的活字印刷术的发明比谷登堡的早400年，但是，中国的印刷技术在世界上一直是落后的。原因有多种，有的人认为，其中的一个原因是汉字不是拼音文字，字形复杂。西方使用拼音文字，充其量只有 100 多个字符；而汉字数以万计，笔画复杂，加上不同的印刷字号和字体，数目高达 100 万个以上，就是有了计算机也有一定的困难。在计算机中汉字是以点阵的方法存贮，一个汉字要分成 $16 \times 16 = 256$ 个点阵来存贮，精密的汉字还可能用 $48 \times 48 = 2304$ 个或更多的点阵来存贮。如果把印刷用的所有字号，从最大的到最小的，还有各种字体，都存在计算机中待用，就需要 200 亿位的存贮器，和西文的 100 多个字符相比，这简直是一个吓人的天文数字。于是汉字在印刷上应用计算机发展缓慢。

中国的印刷工人什么时候才能告别铅与火呢？

有人说中文不改成拼音文字，就永远不能进入现代文明。许多人不同意这种看法，北京大学的王选教授就是其中的一位。他发现，如果把活字印刷的思想原封不动地搬到计算机中，肯定是不适用的，因为如果把每一个要印的汉字都事先做好存在计算机中，肯定会占很大的地方，能不能把汉字再拆成更小的部分呢！

这似乎不是什么新思想，小学生就知道汉字是由横、竖、撇、点、折等组成的。用铅制的横、竖、撇、点、折等零部件来组成一个要印刷的汉字是不可能的。但是在计算机中，通过计算进行这种组合则是完全可能的。

王选的这一思想提出后，除了他的妻子，没有一个人相信，她是中国第一代的软件技术人员。1975 年 10 月，在北京召开的汉字精密照排方案论证会上，王选的方案被称为是一种"幻想"、一种数学游戏，他提出的方案被淘汰了，这就意味着他不会得到研究经费；如果要想使"幻想"成为现实，则一切都要靠自己，王选相信自己的方案终会得到人们的理解，决心自己干。同时，愿意与王选合作共同奋斗的也还大有人在。

王选当时每月的工资是 40 多元，这点钱够干什么？王选的日子过得十分艰难。为了节约 5 分钱的车钱，他步行去了 7 千米～8 千米外的北京图书馆查资料，为了节约 1 角钱的复印费用，他不得不动手抄写，耗费了他大量的宝贵时间。

此时电子工业部的一位领导听到王选的研究设想，十分感兴趣。他给王选出了一份"考卷"，要求在一个半月内完成。考卷里面有 11 个字：山、五、瓜、冰、边、效、凌、纵、缩、露、湘，它们的结构和笔画风格迥然不同，王选能否用他的方案在计算机中排出来，这对王选是一个严格的考核。

经过王选等人的努力，他们提前一周完成，质量完全达到出版印刷的标准。他们的考卷完全合格，但是，这仍然没有能改变现实，因为科研的任务已经交给国内另一个单位，而那个单位研究的是一种已经落后的方案。

最后，王选得到了北京大学校方的支持，一个以王选为首的研究小组成立了，他们不知熬过了多少个昼夜，连 1976 年唐山大地震之后，

从此告别铅与火

依然在北京的地震棚里查文献、看资料。

1981 年，经过 6 年多的奋战，中国第一台计算机激光汉字编辑排版系统原理性样机通过了部级鉴定，达到了国际先进水平，王选成为中国第一位获得欧洲专利——中国的高分辨率汉字字型信息压缩技术专利的人。

1987 年，王选获得中国印刷业个人最高荣誉奖——毕升奖，而由他领导研制的汉字激光照排系统又获第 14 届日内瓦国际发明展览的金奖。

现在，计算机排版系统已经在中国大部分地区普及，世世代代与铅与火打交道的排字工人，如今坐在明亮整洁的屋子里录字排版。

由于使用了电子排版，出版的速度大大加快。过去，外地不能看到北京当天的报纸，因为，印刷报纸的纸型要通过飞机运送，到了当地再浇铸成印刷板，上机印刷。而现在通过电话线把日报版面的信息传递过去，外地的印刷厂可以和北京的印刷厂同时开机印刷。

当你拿到带着油墨香味、印刷清晰的报纸后，你会想到那些为此而奋斗的科学家吗？

48　中国笔的祖先

——刀笔和毛笔

从中国考古发现的甲骨文来看，最古老的文字是用刀刻在甲骨上的，所以，刀大概也可以算是笔的鼻祖了。

毛笔是什么时候发明的，没有记载。有的学者认为，甲骨文是先用毛笔写上去后才用刀刻的。中国传说中是秦始皇的大将蒙恬对毛笔进行了改进，他把过去只用一种兽毛制笔头改为用两种，如鹿毛和羊毛，两种毛的硬度不同，软硬搭配，便于书写，所以认为毛笔是蒙恬所发明。不过，从考古发现的简册实物中，目前发现最古的简是战国初期的，是用毛笔和墨书写的，而且据史书记载，春秋时期，各地对笔的称呼不同，楚国称为聿，吴国称为不律，燕国称为弗，秦始皇统一中国后，笔才成为定名沿用至今。因此可以认为，至少在春秋战国前就有了毛笔，距今已有 3000 年了，比古埃及芦管笔的历史更久远。

在古代，简上的文字写错了要用书刀刮去重写，因此古人常以"刀笔"并提。过去有人据此认为古人用刀笔在简上刻字，这是一种误解。

1954 年，在长沙战国晚期墓中出土的文物里，有一支毛笔。笔杆为圆竹片，用丝缠绕，外面封漆固定，用上好的兔毛制成，这是中国出土文物中最早的毛笔实物。

古代毛笔的笔杆，在南方是用竹子做的，在北方没有竹子的地方，是用木杆制成的。木制笔杆是将木杆一头掏空，劈成 3 瓣合成一个圆筒，再夹上兽毛。毛笔的笔头是用毫制成，毫就是动物细长而尖的毛。毫的种类很多，有紫毫、狼毫、羊毫、虎毫、麝毫等，其中以紫毫最好，狼毫次之。紫毫指刚锐的紫色兔毛。白居易《紫毫笔》诗中说："江南石上有老兔，吃竹饮泉生紫毫。宣城工人采为笔，千万毛中选一毫。"可见紫毫笔的珍贵。

毛笔中的精品是湖笔，湖笔的发源地是在浙江吴兴县善琏村，湖笔不仅是一种书法工具，还是一种精美的艺术品，历来为书法家所器重。

49 芦苇杆·羽毛·金属

——蘸水笔

在自来水钢笔发明之前，西方最古老而又最流行的书写工具是蘸水笔。蘸水笔有3种基本类型：芦管笔、羽毛笔和金属蘸水笔。最早是芦管笔。古埃及人把采来的芦苇管，埋在牲口粪的下面，几个月以后，得到一种黄黑相间、外表光滑的芦苇管，然后将芦苇管烘干，再把芦苇管的一端削尖后，蘸上用菜汁加煤烟调和而成的"墨汁"，便可以用它在当地出产的一种叫做纸草的纸上面书写了。

后来这种笔传入了希腊，又由希腊传入到欧洲。大约在公元6世纪，据说因为中国纸传入到欧洲，而芦管笔不适宜在这种纸上书写，于是，开始有了羽毛笔。

据说，美国历史上有名的政治家杰弗逊家里，专门养了一群鹅，目的是要制出最好写的鹅羽管笔。人们说他那著名的《独立宣言》，就是用鹅羽管笔书写的。

羽毛笔多使用鹅毛，从一只鹅的翅膀上只能拔取10根～12根符合制笔要求的羽茎。拔下来的羽茎要埋在热沙土下面，使粘在羽茎上的皮肉干燥，以便刮去；再浸入到沸腾的明矾溶液中，取出来的羽茎才富有弹性。使用的时候，把羽茎削尖，并在尖端上切开一小条缝，蘸上墨水，这样在使用的时候，能随着用笔力量的大小，而使写出来的字迹线条有粗和细的变化。俄国是羽毛笔制作业最发达的国家，每年要向英国供应2700万根羽茎。但羽毛笔很容易损坏，英国伯明翰的一个工具制造商哈里森，制成了第一支金属笔尖蘸水笔。金属笔尖易于制成各种形

政治家养鹅不是为了吃肉

状和各种大小的型号，而且可以具有不同程度的刚柔度，很受欢迎。但是这种笔尖最初是用手工制造，所以价格很高，不易普及。1825年，伯明翰的米奇尔开始用机器来制造金属笔尖，金属蘸水笔遂成为主要的书写工具。但是金属蘸水笔需要携带墨水瓶，很不方便。因此又有了自来水笔。最初的自来水钢笔里面有一个活塞，把活塞向下按一下，墨水就可以用一会儿，写一阵子又要按一下，否则就没有墨水了。

1884年，美国一家保险公司的职员沃特曼，发明了一种用毛细管给笔尖供墨水的方法。他在一根长长的硬橡皮上钻一个细如毛发的通道，连接在笔尖和储水的胶囊之间，当笔尖受到压力的时候，墨水就会慢慢地流下来。这种笔问世后立即受到欢迎，每年销售几百万支。以后，这种笔尖又得到后人的不断改进，终于完善成我们现在经常使用的自来水钢笔。

50 拿破仑曾为之发愁

——铅笔

18世纪末，法国的拿破仑在战场上捷报频传，但是在指挥所里却出了一个不大不小的麻烦。拿破仑烦躁不安地在指挥所踱来踱去，并不时地向那支用短了的铅笔头，投去焦虑的目光。

桌子上放的短铅笔头，我们小朋友都不愿意用，但是那些大将军还捏在手里不放。原来，自从英法宣战之后，英国就对法国实行了"铅笔禁运"，这给法国的指挥部制定作战计划带来了很大的困难，法国的将军是用铅笔在作战地图上画来画去的。

铅笔不是英国发明的，但是直到英国发现了特纯的石墨矿藏时，才有可能造出了现代的铅笔。1564年，一次飓风连根拔起了英格兰坎伯兰附近博罗谷的一棵大树，人们在树根下面发现了一种黑色的矿脉，那就是最好的石墨。

当地的牧羊人用这种石墨在羊的身上画记号。不久，会动脑筋的城里人把它切成小块卖给商人，供他们在装货的箩筐上打记号。到了18世纪，英王乔治二世将此矿占为己有，定为皇家专利品，当时石墨是铸造炮弹不可缺少的物资。

英王规定，凡是在这里偷采石墨者处以绞刑。此矿每年只开采几个月，为的是维持在市场上的高价，而且放工的时候，矿工要经过搜身后才能离开。

现代铅笔的出现只有200多年的历史。最初，人们用纯石墨条书写，石墨条柔软，而且极易污手，于是人们用细绳把石墨条缠起来，用多少就解开多少。1781年，德国工匠法贝尔改进了石墨条。他将硫磺、锑、松香等与石墨相混合，制成糊再压成条，这样制成的笔芯比纯石墨条的韧性大，而且把笔芯插在木柄里，书写时更方便。当时，人们认为石墨是铅的一种类型，所以称为铅笔。1779年，瑞典化学家谢勒指出，石墨并不是铅，而是碳的一种形态。但铅笔的称呼却没有改，一直沿袭至今。

法国没有优良的石墨矿，无法生产铅笔。但是处于战争状态的拿破仑不能没有铅笔，于是拿破仑找来法国当时最杰出的化学家孔德，命令他在法国寻找石墨矿和制造铅笔。孔德经过实验、研究，真的制出世界上最好又最耐用的铅笔芯。它的秘密是在质次的石墨里掺入粘土进行煅烧，而且通过控制掺入粘土的多少，做出不同硬软的笔芯，我们现在用的铅笔芯就是这样制成的。粘土对石墨的比例越高，铅笔芯就越硬。在笔杆上用H、B来分别表示铅笔芯的硬度和软度。

包在铅笔芯外面的笔杆也是经过不断改进后，才变得很容易削。普通的一支铅笔可以画出55千米长的线，至少可以写出5万多个字。

随着科学技术的发展，小小铅笔也在悄悄地发生变化，免削铅笔、自动铅笔应运而生，适应越来越快的生活节奏。

51　不用蘸水就能写字

——圆珠笔

　　比罗是匈牙利一家杂志社的记者，他常常要写稿件，还要在印刷厂送来的校样上进行校对。他常常一手拿着稿件，一手拿着蘸水钢笔，把笔伸进墨水瓶里蘸一蘸，在纸上写一会儿，有时不小心会把一滴墨水滴在稿纸上，污染了字迹。每当这时，他就想，要是有一种不蘸水就能写字的笔那该多好。

　　需要就是发明的前奏。渐渐地比罗设想出来了一种笔：这种笔没有笔尖，而是一粒球形珠和一根装墨水的笔芯。写字的时候，球形珠在装有墨水的笔芯里转动，这样不用蘸水就能写字。这就是圆珠笔最初的设想，不过他的这个设想有一个难题：笔芯里如果装的是普通墨水，墨水会从笔芯里漏出来。这个难题一直困扰着他。一天，他去印刷厂送校样，忽然见到一种速干油墨，这种油墨遇到空气很快就会结上一层膜。他眼睛一亮，如获至宝。这个长期存在他心里的难题可以解决了。

　　比罗立即要了一点这种黏稠而又速干的油墨回家做试验。果然，这种油墨解决了圆珠笔漏水的问题，他的哥哥也参加了试验工作。

　　1940年，为了逃避纳粹，比罗兄弟移居到阿根廷，在那里找到了一个资助者——英国金融家亨利·马丁。马丁愿意帮助他们生产这种圆珠笔。1943年，比罗申请了这项专利，不久就开始销售圆珠笔了。

　　最初的圆珠笔很受欢迎，人们争相购买。但用过一段时间后，发现有一种致命的缺点，就是写过2万字以后，圆珠笔又开始漏油，常污染正写着的东西或把衣服弄得挺脏，原因是笔头上的圆珠渐渐磨小了，油墨就渗了出来，而且最后圆珠还会从笔芯中掉出来。

为了解决这个问题，许多人进行了实验和研究。有的人设想用宝石材料做笔上的圆珠，宝石耐磨，写几万字也不会磨损一点。但是，问题又来了，宝石圆珠没坏，笔芯却磨坏了，所以这种圆珠笔仍不耐用而且成本也高；如果把外面的笔芯也换成耐磨的材料，成本就更高了。所以，解决圆珠笔的使用寿命成了一大难题。

一位叫田腾三郎的日本人，也在思考这个问题。但是他的工作很忙，没有时间静下来想。不过他上厕所的时间特别长，于是，他在厕所里挂了一个记录本和铅笔，每当上厕所的时候，就开始思考革新圆珠笔的方案，大约坚持了一年，果然在脑子里闪出了一个念头："如果把圆珠笔芯做得细一点，这样笔芯里的油墨就少了，写到 1 万 5 千字时，油墨就没有了，但这时圆珠笔珠还没磨坏，这个问题不就解决了吗?"田腾三郎是从另一面来解决这个问题的，于是就有了我们现在用的细芯圆珠笔，这是一种逆向思维方法，也是他注意捕捉灵感的结果。

圆珠笔的发明经历了三个阶段，这里面有许多思维方法是值得我们借鉴的。

52　世界妇女的福音

——打字机

1867 年 7 月的一天，一位中年绅士来到美国一家电报局，向电报局要一张复写纸。因为在那个时候，只有在邮电局才能复写材料，备有复写纸。这位绅士叫肖尔斯，他搞过印刷，经营过报社，当过邮电局局长，这时他是一位税务局的官员。

为什么要一张复写纸呢？原来他发明了打字机，为了试验它的效果，他需要一张复写纸，好用打字机把字打印到纸上去。当然，现在的打字机是通过一条色带把字印在纸上的。

其实，肖尔斯并不是第一个发明打字机的人。远在肖尔斯以前，就有人研究过打字机。据说最早的打字机是1808年住在意大利的图利为弗兰托尼伯爵夫人制造的。他们是好朋友，经常通信，但伯爵夫人是一个盲人，书写困难。于是图利绞尽脑汁为这位好朋友制造了世界上第一台打字机，伯爵夫人用这台打字机打了16封信，如今还保存在雷焦市国立公文书馆里。但是这台打字机是怎样一回事，却没有留下记载。

这之后，还有一些人自称研制发明过打字机，但都没有留下图纸或明确的文字记载，因而人们一般认为现代打字机的发明人，主要是英国的肖尔斯，也就是本文开头说的到邮局去要一张复写纸的那位中年绅士。

有记载说，肖尔斯的妻子姬蒂是一家公司的缮写员。姬蒂的工作很忙，晚上还要把白天干不完的活儿带回家来接着干，撑着困乏的眼睛不停地抄呀写呀，于是肖尔斯想到要发明一种机器来代替妻子抄写，经过六年的苦心钻研，在前人研制的基础上，终于制出来第一台可以代替人伏案抄写的打字机。

这台最早的打字机是这样的，有一个打字的键盘，按顺序排列着每一个字母，每个字母又与一根刻着同样字母的打字杆相连。按动键盘上的某个字母，打字杆就弹跳到对面的纸板上，由复写纸代替了印刷的油墨，将字母复印到下面的白纸上。每打印好一个字，这纸板还能按顺序移动出一个空格，以便留出地方再打印新的字母。

这台打字机体积很大，模样也不美观，但它的结构在原理上与现代打字机已经相差不远了。后来打字机的改进主要表现在，将原来设计的78个分别大写和小写的字母，改为大写和小写的字母都装在一根杆上，减少了键盘上的按键，键盘的体积也随着大大减小。键盘上字母排列的顺序，则根据排版工人活字分格盘原理重新排列，操作起来更顺手些，可以提高打字速度。

还有一个改进是，开始发明的打字机，在打字的时候不能看到打出字的部位，打错了当时也不知道，打完之后如果发现有错误，只得从头再打。后来的改进是一面打字，一面就可看到打出的字迹，可以及时改错。

由于多年的研究，肖尔斯积劳成疾，他的研究中断了。当肖尔斯临终的时候，他的女儿对他说："爸爸，您应当为您的发明感到高兴，因为您为世界的妇女提供了新的职业。"肖尔斯大受鼓舞，他消瘦的脸上露出欣慰的笑容，肖尔斯在即将得到更多的荣誉之前，却永远长眠了。

19世纪发明的打字机，对把中下层年轻的妇女从家庭中解放出来的作用是无法估量的。当时，到处是招聘女打字员的广告，女打字员的薪水是女售货员的3倍，而且售货员每天要工作12个小时，但打字员才工作8个小时。更重要的是，妇女从此进入了邮电、银行等行业，走进了办公室，这是过去所没有的。使发明打字机的人们感到自豪的是，第一批购买打字机的人物中有作家马克·吐温，从此打字机也成为作家们不可缺少的工具。

自从电脑发明以后，打字机打字的事儿就渐渐远去了。需要特别指出的是，电脑输入用的键盘，基本上仍是打字机的键盘，连字母排列的顺序都没有改动。

53　厨房里的发明

——复印机

现代的复印机的原理是美国科学家富兰克林最先提出的，这件事却很少有人知道。富兰克林一生发明了不少东西，最著名的要数他的风筝实验，风筝实验证明了天空中的闪电和摩擦产生的电是一回事，在这基础上他发明了避雷针。

富兰克林非常好客，客厅里经常高朋满座，款待客人的一个重要节目，就是由他来做一些新奇的实验，这些实验就像变魔术一样。有一次他拿出一块干净的玻璃板，上面什么也没有，在撒上一些石松子粉后，把多余的吹掉，图画的轮廓就显现出来了。

这是为什么？

原来，实验是这样做的：他先用绸子在玻璃板上摩擦，使玻璃板带上电荷，然后用手指在玻璃板上绘出图画，手指画过的地方电荷被手指导走，虽然看不见画过的图画，却留下一个不带电的潜影。撒上的石松子粉是一种蕨类植物的孢子粉，粉末极细，被手画过的地方因为电荷已被导走消失，不能吸附它，而其他的地方，则被电荷吸满了石松子粉，轻轻地吹一下，将没被电荷吸住的石松子粉吹走，一幅由石松子粉构成的图画就显现出来了。这个实验你也可以做一下，注意应该在天气干燥的日子里做，用旧唱片或塑料板也可以。

这是现代静电复印机的原理。

现代复印机是美国的卡尔森发明的。卡尔森毕业于美国加利福尼亚大学物理系，1930 年进入贝尔研究所。因为他对发明和专利很感兴趣，所以调到专利部工作。那里有许多文件要复制。过去的文件复制有些是用摄影完成的，更多的是大量的抄写，很繁琐、枯燥。卡尔森很早就想发明一种新的方法复制文件。

卡尔森是一位科学训练有素的人。在动手研制之前，他花了大约四年的时间做准备工作，在纽约图书馆查找了所有的资料，白天上班，晚上研究，饿了就啃一块干面包，他的工作室就是厨房和浴室。他研究了已有的所有复制文件的方法，对这些方法都不满意，于是给自己确定了两个方向：一是"光电效应"的方法；二是"电解效应"的方法。

通过实验，卡尔森放弃了"电解效应"的方法，因为它需要用很多的电力。而他决定采用的"光电效应",从电荷通过光的感应而起吸附作用的原理来说,与富兰克林早年做的那个实验是一致的,但作为复印机的成果来看,实际已构成电子摄像或静电摄像,把电荷吸附的文稿或图像加热定影了。

卡尔森最初进行的复印实验,吸收的是富兰克林做过的那个实验的原理,就是在一块玻璃片上写上"Artoria10－22－38"字样,将一片涂有硫的铝片用手帕擦拭几下,使它产生电荷,再将玻璃片盖在铝片上,用很亮的灯光透过玻璃板,让铝片曝光3秒钟,最后在铝片上洒上石松子粉,挪开玻璃板,铝片上竟留下了原先写在玻璃片上的字迹。卡尔森又用一张蜡纸平压在铝片上,经过同样的操作也复印出了玻璃片上的字迹。

这是第一次静电复印的成功。这片铝片和纸片现在已经成为静电复印成功的文物,它表明第一次复印成功的日期是1938年10月22日。

卡尔森为此申请了专利。然而当时却有许多人看不起卡尔森的这一发明,说它是"粗糙的玩具"。直到1949年才得到施乐公司的支持,又经过一系列努力,到1960年终于制成复印机商品投入市场。从发明到成为商品,足足经过了22年的努力。

现在的复印机的主要部分是硒鼓。鼓面上涂有的硒能在黑暗中留住电荷,一遇光又能放走电荷。复印时将需要复印的文稿、图表、图像等通过很强的光照到硒鼓面上,于是,受光照而无字的那部分不留电荷,有字或图的部分留住了正电荷。设法让带负电的碳粉吸到硒鼓上留有正电荷的地方,也就是留下字或图的地方,再将硒鼓转动,使带正电的白纸从硒鼓面上通过,带正电的白纸迅速将硒鼓表面带负电的碳粉吸过来,经过加温,使碳粉熔化渗入纸中,就成为清晰、稳定的复印件。我们现在知道施乐公司是生产复印机的著名厂家,卡尔森就是施乐公司的总工程师。卡尔森早已成为美国拥有近2000万美元股票的大富翁。

今天复印机已经成为办公室里不可缺少的办公用品,它是经过许多改进的结果。卡尔森的治学态度值得学习,从发明到变成商品的漫长、

艰难过程也很有代表性。

54 狄龙符号

——速记法

大约在公元前 57 年，古罗马就出现了速记。由于罗马人的一切事务都是在广场上用口头处理的，所以记录就显得十分重要，往往需要一个速记员做记录。罗马还盛行演说和辩论，许多思想的火花就是在辩论中产生的。但是记录要跟上演讲的速度谈何容易，因此一种速记术就产生了。教皇还常派一些速记员走街串巷，去记录那些对他不利的言论。因此，古罗马的速记术，就像现在的录音机一样。

古罗马的速记是狄龙总结发明的。速记是用特别简单的记音符号和词组缩写符号迅速记录语言的方法，记录以后经过整理再变成正式文字。

狄龙生于公元前 103 年，他是罗马的政治家、著名演说家马尔库斯·图利乌斯·西塞罗的儿子，因为他的母亲是西塞罗家的女奴，所以他生下来就是一个奴隶。8 岁那年，他被送到他父亲家里，陪伴小主人——他的同父异母兄弟小西塞罗，他们之间很要好。在老西塞罗去世后，小西塞罗成为狄龙的主人，但是他们之间的友谊与日俱增，狄龙成为小西塞罗忠实的秘书和助手。小西塞罗子承父业，也是一位演说家，他经常走南闯北去演说，同时收集各国的速记方法。狄龙在他的帮助下开始使用速记。

后来小西塞罗的演讲得罪了有势力的人，被流放到泰萨列。这段时间，狄龙一直陪伴着他。狄龙总结了速记方法，把各种符号固定下来，并写出了速记论著，这个论著立即在罗马流传开了，人们叫它为"狄龙符号"。

狄龙的辛勤劳动和聪明才智得到了报偿，那就是他获得了自由。小西塞罗解放了他，不过自由了的狄龙还是忠心耿耿地为小西塞罗工作。

公元前43年，小西塞罗被他的政敌暗杀，狄龙把小西塞罗的短诗分为3集，加上自己的批注出版。他还为西塞罗立传，从而使西塞罗名噪一时。狄龙也写过好几本书，以及一本巨大的百科全书。他的速记在全罗马传开，他的名字一直和他的速记连在一起，"狄龙符号"名垂史册。

中国的速记诞生在20世纪初期。当时速记繁体汉字很慢，跟不上

用速记记下他们的谈话

说话的速度，使清政府大伤脑筋。后来通过日本驻华使馆，想聘请熊健崎一郎来华担任速记教授，解决清政府中大量的会议记录的问题，但是熊健崎一郎因故不能来。靠外国人不行，只好在国内找，后发现北京翻译学院的学生蔡玮能用简单的符号来做课堂笔记，再访才知这些速记符号是其父蔡锡勇所传，至此，清政府才知国内早有速记人材。

蔡锡勇曾出使美国、日本等国，担任过参赞。在外工作的时候，他看到外国人使用拼音文字做记录速度快，而中国的繁体字书写麻烦，应该有一种速记方法做中间的辅助工具。回国后，他参照美国的速记法，并结合汉语的发音，写成了一本《传音快字》，用小弧、小画、小点等几何图形，以北京音为标准，创造了我国最早的速记符号，于 1896 年石印出版，当时仅印了 6 本。

55 建造世界的材料

——水泥

水泥是建筑材料中常用的一种粘接材料，其特性就是能在水中凝结硬化，并能与砖石牢牢地粘在一起，而且表面坚硬结实。

在古希腊和古罗马时代就发现，如果把石灰与一种白榴火山灰混合起来，这种灰浆能在水下凝固，可以做建筑粘接材料，这大概就是最早的一种水泥。

古罗马人用这种水泥建造了许多宏伟的神殿和庙宇，但是这种技术很快就失传了。到了 1568 年，法国建筑师德洛尔姆通过自己的研究，才重新发现这种"罗马水泥"，欧洲后来一直使用这种罗马水泥。

1756 年，英国著名的埃迪斯通灯塔失火烧毁，工程师斯米顿奉命重新修建埃迪斯通灯塔。修建灯塔所需的罗马水泥应坚如磐石，必须用意大利的白榴火山灰，但是当地没有，斯米顿心急如焚，决定用现有的材料进行试验。

斯米顿找来了工人，按照自己的配方进行煅烧，每烧出一种新的粉末，就加水与砂石拌合，看看强度如何。工作十分艰苦，每天下来满脸灰尘，烟熏火燎，疲惫不堪，但是斯米顿坚持不懈。

一天，工地的工人惊喜地跑来告诉斯米顿，烧出了合格的水泥。斯米顿立即跑到工地上，拿起一把锤子在水泥块上面重重地敲打，证明确实是一种结实的建筑材料。

但是，能不能再烧出这样好的水泥呢？斯米顿想。因为在他的印象里，这一炉的配方和前几次的差不多，为什么质量会特别好呢？

经过仔细的分析后发现，原来这炉用的石灰石是新运来的，其中含有大量的黏土，大概是黏土起了作用。斯米顿又进行了一连串的试验，证明确实如此，用含有 20% 左右黏土的石灰石煅烧出的水泥，可以代替罗马水泥，非常适合水下建筑。埃迪斯通灯塔就是用这种水泥粘接成的，至今还屹立着。

水泥的种类很多，使用最广泛的是硅酸盐水泥，是 1824 年英国人阿斯普丁发明的。因为这种水泥凝结后外观颜色和强度与英国波特兰岛的一种建筑材料石灰岩相似，所以又称波特兰水泥。但是阿斯普丁性格狭隘、自私，生怕别人知道自己的配方，他的工厂的周围有 6 米高的围墙，比一般的围墙高几倍，外边的人休想从墙外窥视到里面。至于原料的配方，连直接从事操作的技师也无法知道，直到阿斯普丁死时，人们也不知道其中的奥秘。

后来，英国的水泥技师约翰逊以顽强的毅力，对波特兰水泥进行了科学的分析研究，终于在 1845 年确定了波特兰水泥所含的成分和制作原理，以至后人把著名的波特兰水泥的发明荣誉归于约翰逊了。

56　园丁的创造

——钢筋混凝土

仅用水泥和砂石制成的混凝土能顶住千斤重，但是在许多建筑结构中不适用，因为它们缺乏抗拉能力，容易断裂。但是在混凝土中预先放上钢筋，等混凝土凝固后而形成的钢筋混凝土，却是极好的建筑材料。它具有钢筋的抗拉强度和混凝土的抗压强度两重特性，尤其适合做大跨度的建筑构件，在桥梁结构中的成就特别显著。

钢筋混凝土是法国巴黎的园丁莫尼埃发明的。

莫尼埃有一个大花园，里面奇花异草香气袭人，行人过此，无不驻足观赏，流连忘返。为了进一步发展他的养花业，莫尼埃盖了一个大的温室，温室里需要许多大花盆，当时没有这么大的瓦盆，用木盆价格又太贵。莫尼埃听说水泥是一种好材料，于是动手用水泥做了一些大花盆。花盆做好了，莫尼埃很高兴，但是在他来回搬动花盆的时候，许多花盆裂开了，他很心疼。于是他用铁丝把裂开的花盆一圈一圈缠起来，再涂上一层水泥。等水泥干了，他发现这种花盆特别结实，就是用锤子敲打也不会断裂。

一天，一位工程师到花园来看花，注意到了莫尼埃用铁丝缠绕的水泥花盆，便告诉他，如果把这种方法用到建筑工程上，可能会有意想不到的结果。

莫尼埃的思路大开，他想：钢筋混凝土既然可以做花盆，当然也可以做蓄水池，也可以做其他需要抗拉和抗压的建筑材料。

1867年，莫尼埃申请了钢筋混凝土的专利。1885年他研制了钢筋

这样的水泥花盆更结实

水泥管，1891 年研制了钢筋电缆管。

其实在莫尼埃以前，法国的兰博特用钢筋混凝土制作了一个小瓶，1855 年还在巴黎博览会上展出过。他还造了一只钢筋水泥船，一直到 100 多年后的今天仍完好如初。可惜他没有申请专利，因而他的发明没有引起人们的广泛重视而错失良机。

57 不再用爬楼梯

——电梯

在电梯没有发明以前，西方曾使用一种升降机，可以上下运输货物或人。在古罗马的竞技场里，就是用升降机把进行竞技表演的角斗士和野兽送进场内。这些升降机是用人力或畜力驱动的。

1853年，美国人奥蒂斯用蒸汽机带动升降机，并发明了一种安全装置，一旦升降机的缆绳断了，可以立即制止升降机下坠，保障安全。可是没有商家订货，没有人相信这种装置。奥蒂斯很苦恼，后来他想了一个方法，就在纽约市水晶宫展览馆展示他的升降机。

他站在升降机上向观众大声嚷道："快来看，最新式的升降机，绝对安全，不信，看我砍断缆绳！"

围观的人越来越多。说时迟，那时快，只见他让助手用斧子把缆绳砍断，升降机迅速往下坠落，人们惊呆了，只听"嘎"地一声，升降机在半空中停住了，安全装置起作用了。人们松了一口气，议论纷纷，一些胆大的人还走上升降机试一试。

1857年，奥蒂斯在纽约豪华特百货公司安装了这种用蒸汽机带动的升降机，可以在5个楼层之间升降，速度虽然只比步行快一点儿，可是有越来越多的顾客愿意乘坐。

但是因为这种升降机是用蒸汽机带动的，往往有浓烟灌进升降机里，使人难于忍受。1889年，有了电动机带动的升降机，避免了蒸汽机带来的浓烟，由此升降机也就成为真正的电梯。

1892年，美国纽约的雷诺取得了自动运行的电动扶梯的专利权，并在商场里安装了电动扶梯，开始，担心乘客不会使用，扶梯的两端有工人守候，还不断地招呼："能动的台阶在这里，途中不要坐下，下梯的时候先迈左腿……"其实人们很快就适应了电动扶梯。电动扶梯不用人来操作，可以供乘客很方便地上下楼。

1915年，出现了由服务员操纵按钮控制的自动电梯，这种电梯在楼层之间垂直升降，按需要可以在任何一层停留。

现代电梯根据用途制造，除了我们经常乘坐的普通电梯外，还有专门供轮船、水坝和火箭发射台等用的电梯，适应高层建筑的快速电梯。

"他会摔死吗？"

不管什么样的电梯，都是由电动机带动钢丝绳、滑轮和平衡锤或卷筒等升降机构的，并都有安全装置，以确保发生事故时，能切断电源并制止电梯下坠。

近几年来，一些大饭店还安装了观光电梯，使用透明的舱壁，乘客在里面，还能观赏外面的景物。

58 海船的"眼睛"

——指南针

我们现在看到的指南针，大多是一个圆形的小盒子，里面装着一根小针，小针能够在一个有刻度的罗盘中来回旋转。不管你把盘子怎样转动，小针总是一头指向南方，另一头指向北方。指南针和罗盘结合在一起，就是罗盘针。

早在 2300 多年前，中国人就发明了用磁铁做指示方向的工具，叫"司南"，"司南"就是指南的意思。

司南的形状和现在的指南针完全不同，很像我们现在用的汤勺。司南是怎样制成的，古书上没有详细的记载，也没有实物留下来。据专家们的研究，大约是把整块的天然磁铁，琢磨成勺子的形状，并把磁铁的指南极做成勺的长柄。

使用司南的时候，要把司南放在一个内圆外方、四周刻有分格的光滑的底盘上，用手拨动它转动。等到司南停下来，勺柄准定指向南方。司南是世界上最早的"指南针"。

大约在 1000 多年前，中国又发明了一种指南工具——指南鱼。据《武经总要》记载，指南鱼是用一块薄薄的钢片做成的，形状很像一条小鱼。它不需要光滑的底盘，只要有一碗水就可以了，它像小船一样，可以平稳地浮在水面上，鱼头指向南方，比使用司南方便。

指南鱼不是用天然磁石，而是用人工磁化的钢片做成的。钢片本来没有磁性，不能起指南的作用，但是古代人知道，烧红的钢条冷却时，钢条中的分子会沿着地球磁场的方向排列起来，这样钢条就磁化了。所以古人用地磁来磁化钢片，先把钢片做成鱼形，然后在火上烧红，拿出火外，把鱼尾正对北方，蘸水冷却后钢片鱼就被磁化成指南鱼，然后放在一个密封的盒子里藏着。中国人发明用人造磁铁做指南鱼，这是一个极大的进步。

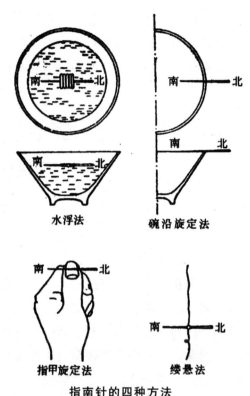

水浮法　碗沿旋定法

指甲旋定法　缕悬法

指南针的四种方法

有了人工磁化的方法，指南针就可以大量制作了。当时不但有钢片做的指南鱼，还有用木头做的指南鱼。宋代《事林广记》记载了用木头做指南鱼的方法：用一块木头刻成鱼的样子，像手指那样大，从鱼嘴往里挖一个洞，拿一条磁铁针放在里面，使它的指南极朝外，再用蜡封好口。把指南鱼放到水面上，鱼嘴里的针就指向南方。

沈括在《梦溪笔谈》中记载的四种指南针使用的方法，可以说是世界上指南针使用的最早记录。第一种是水浮法——在指南针上穿几根灯草，放在有水的碗里，使它浮在水面上，指示方向。第二种是指甲旋定法——把指南针放在手指甲面上，使它轻轻转动。手指甲很光滑，指南针就和司南一样，也能旋转自如，这种方法最简单。第三种是碗沿旋定法——把指南针放在光滑的碗口的边上。第四种是缕悬法——在指南针中部涂一些蜡，粘上一根细丝线，把细丝线挂在没有风的地方。

沈括认为这四种方法，要算缕悬法最好。这四种方法，有的仍然为近代罗盘和地磁测量仪器所采用。现在磁变仪、磁力仪的基本结构原理，就是采用缕悬法。

中国不但是世界上最早发明指南针的国家，而且是最早把指南针用在航海上的国家，指南针成了海船的"眼睛"。到了12世纪末，阿拉伯和欧洲的一些国家才开始用指南针来航海。

59 "瓶中之星"

——陀螺仪

船只在大海中航行的时候，靠指南针或根据指南针原理制成的磁性罗盘来指引方向。因为地球是一个大磁体，航行在海洋中的船只，无论遇到怎样的巨浪颠簸，有磁性的罗盘指针始终指着南北方向。

然而，当一艘宇宙飞船飞离地球后，在茫茫的太空里，脱离了地球的磁场，又依靠什么来定航向呢？

导航员就用陀螺来导航。陀螺最早是中国民间的一种玩具，早在5000多年以前的石器时代就发明了。它是一个上平下尖的圆锥体，或椭圆锥体，经过捻动、抽打，它就能直立着不停地旋转。

陀螺在唐代时传入欧洲。19世纪时，欧洲的科学家发现陀螺的奇特功能，那就是一旦使它高速旋转起来以后，强大的惯性使它像生了根似的，即使受到干扰或冲击，也始终旋转不停，至多只是摇晃一下即可复位。科学家把陀螺的这种超常稳定性和纠偏能力称为"定轴性"。于是就有科学家开始琢磨如何利用陀螺的这一奇特功能。

1898年，奥地利科学家首先将它用在军事上，制出世界上第一座"陀螺自动操纵舵"，装有这种仪器的鱼雷，能抗衡海浪的冲击，随时纠正偏离，准确奔向目标。

这一试验的成功，使科学家想到，既然陀螺的高速旋转性能这么稳定，那么利用它在旋转时总是准确固定地指着一个方向的特性，来代替航海中总是指南的磁性罗盘，行不行呢？

1900 年，德国的安休茨就开始试验用陀螺仪来代替罗盘仪，不过未能取得理想的结果。1908 年，安休茨的陀螺仪装在德国的军舰上，它指示航向的功能就颇令人满意了。

1952 年，美国的诺德西克提出，用静电的引力吸引一个陀螺转子，使它悬浮起来飞快地旋转，这样陀螺仪的稳定性肯定更好。1959 年，美国制成了这种静电陀螺仪，接着于 1963 年，将静电陀螺仪安装在"罗经岛"号试验船上，进行了一次海上航行试验。

这种陀螺仪，利用了陀螺在高速旋转时指向不变的特点，让它指向宇宙中的某一颗恒星，不管航船在惊涛骇浪中怎样翻动，人们都可以根据陀螺不变的指向调整航船的航向。这次试验的结果表明，静电陀螺仪表现出高度的精确性和可靠性，赢得了人们的信任。人们把这种小小的陀螺仪赞誉为"瓶中之星"。

陀螺仪在新技术的装备下，已经发展出静电陀螺仪、挠性陀螺仪、激光陀螺仪等多种新型陀螺仪，而且广泛地应用于弹道导弹及航天飞机、宇宙飞船等航天工业上。所以宇宙飞船在茫茫的太空中航行，只要安装了陀螺仪，就不必担心迷失方向了。

60　不怕翻滚的支架

——被中香炉

陀螺在高速旋转时表现出极强的稳定性，但是，将陀螺安置在什么样的装置里，才能使它始终保持水平地直立旋转呢？这就需要设计一种

非常巧妙的支架。

这种支架现在叫常平支架，是构成现代陀螺仪的一个重要的部件。

说起来，这种常平支架在中国西汉时代就发明了，不过不是用在指引方向上，而是用在一种熏烘被子的"被中香炉"上。古代人从西周起就有焚香除臭、熏烟灭虫的习惯。他们把香草放在一个特殊的盒子里燃烧，但是火灾时有发生。到了汉代，长安的一个叫丁缓的能工巧匠发明了一种被中香炉。这是一个球体，里面盛有炭火，无论这个球怎样滚动，炭火也不会撒出来引燃被子。

人们还把它用在节日舞龙灯的"灯球"上，后来，又发展到装在马车上。英国科技史家李约瑟博士在他的《中国科技史》的巨著中，就讲过这种车子。由于车子里装了这种常平支架，即使行走在的崎岖的路面上，躺在里面的达官贵人也不会感到颠簸。

这种常平支架是一个空心的球体，里面套着三个空心的金属环，每个环的中间有两个相对应的点与另一个环连接，而且可以自由转动。在最中心的那个环的中心，放置一个重物，例如装着炭火的香炉，则不管这个球怎样翻动，吊着香炉的那个环，都会因为所连接的环在翻动中，随着支点转动，及时调整位置，使香炉始终保持稳定地挂在中心不会打翻，炭火绝对不会洒出。因此这种常平支架也叫平衡环，又因为它不管在哪个方向都能保持香炉的平衡，所以也叫"万向支架"。

16 世纪时，常平支架由中国传入欧洲。1676 年，英国科学家虎克在制作一台天文台用的望远镜时，就采用了平衡环的原理作为望远镜的支架。

常平支架还在别的一些地方运用，然而最巧妙的运用是利用这种万向支架作为陀螺仪的支架。用这种装置来支持那高速旋转的陀螺，不管海中的航船、太空中的宇宙飞船在行程中遇到什么情况，陀螺都能稳稳当当地在这一支架上高速旋转，保证指示航向的精确和可靠。

上一篇介绍的陀螺及本篇介绍的被中香炉，在中国古代早已发明，只是一直被当做玩具而未能得到任何发展和实际应用，然而现代科技却

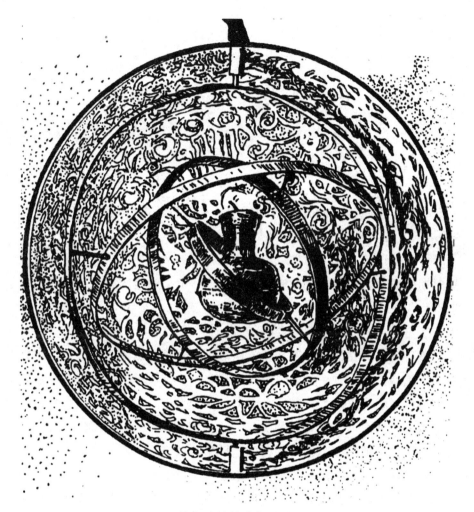

被中香炉的内部结构

使它俩结合起来，成为宇航和航海不可缺少的重要仪器，这一事实很值
得我们深思。

61 人类最早的飞行器

——风筝

在美国华盛顿空间技术博物馆中，有一块说明牌上很醒目地写着"最早的飞行器是中国的风筝和火箭。"

中国是世界上最早制作风筝的国家，第一个制作风筝的人是春秋战国时期的鲁班。鲁班本名公输般，鲁班是后世人对他的称呼。公输家族世世代代是木匠，鲁班从小就受到熏陶，所以心灵手巧，在机械、土木、手工工艺等方面都有所发明。

鲁班看到鸟在天空中飞翔，就用薄木片和竹片制成木鹊，据说可以在天上飞行3天。有一天鲁国的君主召鲁班进宫，让鲁班想一个办法刺探宋城的城防。于是鲁班在原来木鹊的基础上进行了改进，用木片制成了像鹰一样的木鸢。在有风的天气，木鸢可以载一个人乘风飞到高空，去窥探宋城里的情况，这个木鸢就是风筝的前身。

在古代，风筝是惟一能高飞的东西，所以军事上有许多应用。在南北朝的时候，南朝的梁武帝由于用人不当，误用东魏的叛将侯景，后来侯景率兵8000人、马数百匹进攻建康城，由于内奸打开城门，使侯景入城。建康城分三部分，中间是台城，梁武帝住在里面；西边是石头城，驻扎着禁卫军；东边叫东府城，住的是宰相等大官。侯景把台城层层围住，隔绝了梁武帝和东、西两城的联系，接着就向台城发起了猛烈的攻击。

台城守将羊侃率领士兵奋力守城，为了和外面取得联系，羊侃想到风筝。他命人扎起数个大风筝，从城里放起，然后再割断风筝线，让风筝把请兵援救的消息传送出去，不久援兵就赶到了。这是古书《独异志》记载的事。

相传，西汉的韩信谋反时，曾用放风筝的办法来测量未央宫的远近。唐朝以后，风筝逐渐成为皇室及贵胄弟子的娱乐品。

到了宋朝，在风筝上装上火药，把风筝放到敌人阵地的上空，燃烧爆炸，扰乱敌军，乘胜追击获得胜利，被称为"神火飞鸦"；同时，民间也开始出现各式各样娱乐性的风筝。

62 万吨巨轮风筝拖

——风筝帆

蓝蓝的天上，飘着一叶白帆，帆儿拖着一条船。

这是一个儿歌还是一个梦？

不！这是英国科学家的一个新发明——风筝帆，也许过去曾经是一个梦想。

风筝在天上飞的时候，能产生很大的拉力，于是就出现了"乘风筝滑行"的体育运动。运动员脚踏滑水板利用风筝的拉力在海面上滑行，当风力很大的时候，滑水运动员就可能被拽到空中，在空中自由飞行。

也许是这种运动启发了英国年轻的科学家，他们设计了能拖动船只的风筝帆，在国际科学会议上引起了普遍的重视。放风筝的时候，我们常常为没有风而着急，其实地面无风而高空上是有风的。海面上没有风，海的上空却可能刮着大风。另外，高空的风向和地面的风向也不同，在不同的高度有不同的风向。如果现在海面的风向和船的航向相反，而高空的风向则可能正好与航向相同，让风筝帆升到不同的高度，

放风筝、拖船两不误

就可以选择不同的风向，控制船的航向，你看这有多妙！

你也许担心没有风时风筝如何升起？科学家想到了这个问题，他们设计的风筝帆是气球和帆的组合，这样就是在海面无风的情况下，也能利用气球将风筝帆放飞到高空。船上装有雷达，能测出不同高度的风速和风向，而且在风筝上装有各种灵敏的传感器，相当于风筝的眼睛和耳朵，把高空的情况告诉船上的计算机，经过计算机的计算，就能自动发出各种指令，起落风筝帆，控制着风筝帆船的航行。当暴风雨来临的时候，计算机能指令将风筝帆收回到船的甲板上。

世界上的第一艘10吨的风筝帆船已经顺利地穿过英吉利海峡。科学家相信，万吨远洋轮船也会装上这诗意般的风筝帆。

现在还有人设计了风筝风车发电站。为了利用风能，人们修建了许多高塔，在塔顶上装上风车带动发电机，这要很多花费。如果在巨大的风筝上装上一个风车，获取高空的风能发电，不就减少许多建设的费用吗！这个新奇的设想也正在走向现实。

63 说服千分之九百九十九

——铁体船

　　人们记住了 1807 年美国的富尔顿发明了蒸汽机驱动轮船的故事，却很少想到，古代的船如何从木制的走向钢铁制造这一飞跃的进步。其实跨出这一大步是一项很重要的发明。

　　世界上住在沿海的民族，都或早或晚地发明了船。有的船是吹气的皮筏，有的是用竹子编的，有的是用芦苇捆扎而成的，最多的则是用木头做的。一般开始是用若干根木棍捆绑在一起，做成木筏；后来发明了将粗大的树干掏空，做成独木舟；再往后制成了精制、庞大的木船，可以漂洋过海。中国明朝时，由郑和率领的大型船队一直航行到了非洲。

　　然而兽皮也好，竹子也好，芦苇也好，木材也好，都是可以漂浮在水面上的物质，因此人们认为只有比水轻的材料才可以做船。欧洲人甚至认为用来做船的木材是希腊神话中的智慧女神雅典娜送来的礼物，因为当时的希腊、罗马等地中海沿岸的国家，他们的航海业比较发达，而且各种海船和战舰都是用上等木材精心制作的。

　　可是到了 18 世纪，英国的工业开始发展起来，用来作战的武器也跟着有很大发展，出现了大型的炮。这种用钢铁制作的巨大的炮筒，再加上钢铁铸的炮座，一座座大炮都很沉重，可是当时负责运输大炮的则是木制的平底船，一是承受不住这么大的重量，再者装运大炮时，木船受到铁炮的磕磕碰碰，很易损坏。

　　这种铁炮与木船不相适应的状况，给英国一位钢铁企业家提供了一个机会，他叫威尔金森，是位大炮制造商。威尔金森想，木船的大小，受木材本身长度的限制，而且木材经受不起钢铁的碰撞，我何不发明一种铁船，用它来载运大炮呢？

威尔金森打算用钢铁制船的想法一经宣布，受到许多人的反对，但威尔金森把反对的人一一说服了。

反对的意见最主要的是：从来制船都是用比水轻的材料，而钢铁那么重，用它制船，还不沉到水里，哪儿还能用来载运那么重的大炮？

威尔金森充满信心地回答说："你们知道阿基米德浮力定律吧，物体在水中所受到的浮力，等于它所排开的同体积的水重，我只要把铁船做得足够大，大到它所能获得的浮力，不但可以使自己浮在水上，还能载运着大炮在水上航行。"

反对的人又问："木材制船，可以锯成木板，可以用榫将木板固定，钢铁那玩意儿，你怎么能把它们铸成一条船啊？"

威尔金森回答："我何必去铸一只完整的铁船呢？我们已经有了滚轧机，可以将炼成棒状的铁条滚轧成铁板；还有镗孔机，可以给铁板打眼，装上铆钉，将一块块的铁板组装成一艘完整的船啊！"

反对的人见说服不了威尔金森放弃他的想法，认为他对钢铁已经到了入迷的程度，背地里给他起了外号叫"铁疯子"、"钢铁狂人"。

然而经过一番努力，1787 年 7 月，威尔金森果真在塞文河上放下一艘用铁板制成的船，当时铁板与铁板是用螺栓或铆钉固定的。这艘铁船的下水，吸引了附近许多居民去参现，为之惊奇不已。对于这项成功，威尔金森说："我说服了那些不相信这个设想的人。这些不相信的人有多少？可以毫不夸张的认为，它们的数目占千分之九百九十九。不过，我想这一切大概只有九天的惊奇而已，以后，他们再看到这种铁板做成的船，就不足为奇了。"

铁板船的优点引起许多人来模仿，到 1802 年，人们在伯明翰周围的运河上，已经可以看到不少平底的小铁船在河里航行了。

使小铁船获得巨大新的生命力的，是美国的轮船发明家富尔顿。富尔顿在英国作画时认识了蒸汽机发明家瓦特，想到可以将蒸汽机装在船上，用蒸汽力驱动装在船两侧的轮，代替桨去划水使船前进。1803年，富尔顿用蒸汽机带动一艘21.35米的船在法国的塞纳河上试航，不料就在试航的当天晚上，这艘船就被暴风雨打翻沉没河底了。富尔顿从河底把打翻的船打捞出来检查，才发现原来是木制的船身，承受不住沉重的蒸汽机，在汹涌的波浪中起伏拦腰折断了。这使富尔顿想到改用铁制的船壳，代替木制船壳，再用蒸汽机驱动。

1807年，富尔顿自己设计制造的铁壳蒸汽机轮船在美国的哈德逊河试航，获得成功。这第一艘轮船有45米长，4米宽，比人们常见的木船要气派多了。

由那以后，吸引了许多效法者。铁壳制的蒸汽轮船一艘比一艘做得更大，更坚固，它们可以驶向海洋。特别是钢材发明以后，到1890年，钢体船几乎替代了全部铁体船，而这些载重量很大的船，它们的航线大都驶向海洋，经受得住海洋上风浪的颠簸。

64 "穿裙子"的船

——气垫船

水上行驶的船比陆上行驶的车所产生的摩擦力要小得多，但如果是在空气里行驶，产生的摩擦力就更小了！在空气中行驶，一般人会想到飞机，但飞机运输要在机场起飞和降落，花费很大。现在有一种交通工具，既不在天上飞，又不在地上跑，也不在水上漂。你猜猜是什么？

这就是气垫船。

人们早就发现，一架刚离地的直升机所需的动力只是它在高空飞行时的1/4，这称为"地面效应"。飞行员林德伯格在20世纪20年代进行

其著名的横跨大西洋的飞行时，为了节省燃料，他采用在低空擦着海面飞行的方法，就是利用了这种地面效应。许多国家都想利用地面效应来制造一种交通工具，美国为此项研究曾花了 300 万美元，但却毫无结果。

世界上第一艘载人的气垫船是 1959 年由英国人科克雷尔制造成功的。科克雷尔原来是一位搞无线电工程的工程师，后来转入造船业。为了提高船速，他反复研究水对船的阻力。有一次他想入非非，如果船和水面之间是一层空气该多好啊，那样阻力会大大减少。能不能在船体和水面之间制造一个空气层呢？

想到这里，科克雷尔立刻开始实验，他将一个空罐头盒放在桌上，用理发时用的吹风机不断地向罐头盒下面吹气，罐头盒果然离开了桌面，表明罐头盒和桌面之间形成了一个空气垫，科克雷尔很兴奋，他感到自己的设想是可行的。这就是气垫船的雏型。

1955 年，科克雷尔制作了一个气垫船模型，在船的底部有风扇不停地向地面鼓气，使船模可以离开地面，在地毯上轻快的航行。不料当他在官员们面前表演以后，这具模型立即被拿走，要作为一项国家机密保存起来。那么，科克雷尔的研究还能继续进行吗？后来，一位有远见卓识的文职官员在可行性的研究报告上签了字，这才使科克雷尔得到一笔研制经费，继续气垫船的研制。

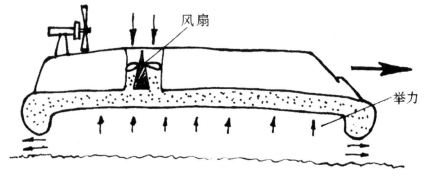

空气的反作用力举起了船

真正的气垫船制作出来了，但在试航时却发现，风扇向下吹气，把船从水面上托起来时，因为船底的"气幕"不断的向外跑气，所以风扇要不断的打气，就像一个不断漏气的轮胎一样，效果不是很理想。

克科雷尔设法改进这一缺点，开始他曾采用在船身下用一个刚性的喷口向外喷气，后来发现，还是要设法将喷出的气保存在船的下面为好，于是改为用粗制的纤维布将船的下面围住，托在船下的气垫被稳定住了，效果果然不错。于是我们现在见到的气垫船，就像穿上了一个灯笼裙似的。

气垫船可以在水上和陆地上行驶，船体离地面20厘米～30厘米高，可以把货物直接从海上运到陆地上，也不怕陆地上高低不平和泥泞的道路。气垫手推车装上重重的东西，一个人就可以推动。无轮的车船将在未来的运输中占有重要的地位。

顺便说一句，利用地面效应的地效飞行器已经研制出来了。1996年中国自行开发的第一代"地效飞行器"，能以每小时200千米的速度连续飞行400千米。

地效飞行器比气垫船更能适应复杂的地理条件，它既可以在海上、河流上飞驶，轻松地越过数米高的大浪或水坝，又不需要泊靠码头。在1米到5米的低空飞行，一旦发生故障也不会坠毁，是21世纪理想的交通工具。

气垫船

65 人类交通的奇迹

——铁路

如果把世界各国的铁路连接起来，它们的长度为130多万千米，而月球和地球的距离，才不过是384400多千米。这就是说，人们建造的铁路，可以从地球铺设到月球一个来回还要多。铁路是地球上的一个奇迹，也反映了人类发展交通的伟大气魄。

铁路的发明不能归结为某一个人。铁路雏型的诞生，首先来自矿山里矿石运输的需要。在泥泞的坑道里，矿工拉着沉重的矿车，在坑坑洼洼的矿山里一步一步地行进，非常吃力。后来在矿车下面铺了木板，行进的道路显得平坦多了，拉矿车的矿工也觉得轻快多了。但是木板很容易损坏，于是一种用铁皮包着木头的轨道出现了，用马拉着矿车，在包了铁皮的木轨道上行进，大大提高了运输效率。

仅仅用铁皮包着木头的轨道并不坚实耐用，1770年，在英国出现了用铸铁铸成的铁轨，在铁轨之间铺设了枕木，这是一种只适用于矿车在斜坡上使用的铁轨，还不是现代意义的铁路。蒸汽机车与铁路的结合，经历了一段互相磨合的过程，因为当时人们普遍怀疑装有铁轮的笨重的机车，行驶时会不会在光滑的铁轨上打滑。

1831年，一位叫布兰顿的英国人发明了一辆带腿的蒸汽机车，这种奇形怪状的机车的后面有两条腿能像马一样前进，他认为这样可以防止机车打滑，但是这种机车跑起路来踢里踏拉，跑不快。不过，我们也不要笑话他的设计，人们准备送到月球或火星上的探测车辆，有的就装有多条腿，因为这样可以在不平的路面上行驶。

在同一个时期，英国人马莱和布伦金索普制造了一种轮子是齿轮的蒸汽机车，而铁轨便是一根齿条，这种机车比起前面的踢踏车要好一些，它能以每小时 6 千米的速度牵引 20 吨的煤车行驶。但是这

布兰顿设计的带腿的机车

种机车的铁轨制造起来很麻烦，齿轮必须和装有齿条的铁轨精密地吻合才行。

其实，车轮和铁轨之间的摩擦力是可以带动机车前进的，只是当时对摩擦力理论的研究不足罢了。

1823 年，英国政府要修一条铁路，从产煤的达林顿通到海港城市

一种带齿轮的蒸汽机车

斯托克顿，斯蒂芬逊被任命为总工程师。这条铁路本来是为马车运输而修建的，但作为蒸汽机车的发明人，斯蒂芬逊内心盼望这条铁路修好以后能行驶他发明的蒸汽机车。

斯蒂芬逊带领着那时才只有 18 岁的儿子罗伯特·斯蒂芬逊精心设计、修建。最能显示出斯蒂芬逊重视质量的举措是，他本来决定将铸铁的铁轨改为自己设计的锻铁的铁轨，并且已经为这种锻铁铁轨申请了专利，但后来他发现另一家炼铁公司生产的锻铁铁轨比自己申请专利的铁轨质量更好时，果断地采用了那一家的锻铁铁轨，放弃了自己的专利收入，并且在枕木下面铺了很多石子，防止铁轨因受到强烈的震动而断裂。

1825 年，这条世界上的第一条长 33 千米的铁路正式通车，并且达到了斯蒂芬逊的目的——在铁路上行驶的是他发明的蒸汽机车"旅行者 1 号"。

接着，斯蒂芬逊又接受了在利物浦和曼彻斯特之间修建一条铁路的任务，这是从工业城市通往港口的重要铁路。斯蒂芬逊带领自己的儿子架设了 63 座桥梁，开挖了 2000 米的地下隧道。这条铁路于 1830 年正式通车，采用的是斯蒂芬逊制造的 8 台蒸汽机车，从而使铁路在陆路交通上大显身手，使陆地像海洋一样可以四通八达。

斯蒂芬逊修建的铁路，规定铁轨的宽度为 1435 毫米（约 4.85 英尺），因为只有铁轨的宽度一致，火车才能畅通无阻。

宽度为什么不是一个整数呢？这是当时英国四轮马车的宽度，最初铁轨是为了走马车的。相传公元前 55 年，古罗马的军队曾侵入大不列颠岛，罗马人的战车在岛上留下 1435.5 毫米宽的车辙。当时英国人为了使自己的四轮马车也能沿着车辙行驶，所以车轮间的距离也制定为同样的宽度。1937 年，国际铁路协会把 1435 毫米的轨距定为国际标准轨距，我国的铁路也采用这个标准。因此人们尊称斯蒂芬逊是"铁路之父"。

斯蒂芬逊开始建铁路的时候，申请专利的铁轨长度每节只有 3 英尺

（0.91 米），后来改为每节 15 英尺（4.57 米）。铁轨之间留有缝隙，是防止铁轨热胀冷缩会变形。现在的铁轨没缝隙，在一个区段里一根根铁轨是焊在一起的，实现铁轨无缝化，大大地提高了车速。由于采用了特殊的加固措施，铁轨在最热和最冷的天气都不会变形。

1865 年，中国在北京的宣武门外建了一条供人观赏的铁路。1881 年，在上海的吴淞口，中国人自己设计自己建造了第一条铁路。1905 年～1909 年，詹天佑主持建造了京张铁路，由于通过的八达岭高度很大，詹天佑采用"之"字形设计，使火车得以在较小的坡度上运行，克服了巨大的高度差，这在世界上都是一件了不起的事情。

66　冲破保守

——蒸汽机车

"历史的火车头"是我们形容某些先进事物时常用的形容词，而在历史上，火车头的诞生确实是和保守势力斗争胜利的结果。

很早以前就有人打算用蒸汽做动力驱动车轮。1769 年，在法国陆军供职的尼古拉·约瑟夫·古诺，得到陆军大臣的支持，制成了一辆牵引大炮的蒸汽车。这是一辆十分笨重的机车，操作也不灵活。试车的时候，在一段下坡路上失去控制，撞在兵工厂的一堵墙上，造成墙塌车毁。尽管这样，古诺的车还是受到陆军部的重视，现在在巴黎国立博物馆还保存着古诺制造的第二辆蒸汽车。

从 1802 年到 1813 年，英国相继制成了多种蒸汽机车。1804 年英国的特里维西克，制造了在铁轨上行驶的机车，这种机车可载重 10 吨货物和 70 人，时速 4 千米，和人步行的速度差不多，所以特里维西克没有设计驾驶室，驾驶员跟在车旁边，边走边驾驶。特里维西克把他的机车放在伦敦尤里斯广场上进行展览。他修了一个圆形轨道，进行表演，名字叫"看谁能赶上我"，有些大胆的人还到火车上坐了一下。

特里维西克的火车经常出事故，有时零件损坏，有时翻车出轨。后来连特里维西克自己也失去了信心，他在接近成功的时候，放弃了对蒸汽机车的研制。

1814 年，修建了第一条铁路的斯蒂芬逊，制成了他自己的第一台蒸汽机车——布鲁海尔，它以每小时 6.5 千米的速度在 1：450 的坡道上行驶，可以运煤 30 吨。但当蒸汽机车出现时，并没有受到预期的热烈欢迎，因为机车喷出的蒸汽和发出的怪叫声，惊吓了沿途的牲口和家禽，人们还担心从车头烟囱里喷出的火星会引燃路边的柴垛。在反对派的强大声讨下，连矿山老板也退缩了，但斯蒂芬逊没有被吓倒，他对蒸汽机车进行了许多改进，设法减小了噪音，又在枕木的下面铺了小石子，加固了铁路。他为机车建造的铁路已有了现代铁路的雏形。1814 年～1825 年，斯蒂芬逊共制造了 55 台矿用机械，其中有 16 台就是蒸汽机车。

1825 年，斯蒂芬逊被任命为修筑斯托克顿至达林顿之间的铁路工程师。这条铁路本来是矿区为马车修建的。铁路修好后，斯蒂芬逊努力说服政府官员，终于被允许可以试一试行驶蒸汽机车，这是斯蒂芬逊从一开始修路就有的打算，铁路是他指挥精心修建的，他就是打算能利用这条铁路行驶他自己制造的机车。为了既可运煤又能载旅客，斯蒂芬逊特别设计了新机车"旅行者 1 号"，由 38 节列车组成，在斯托克顿至达林顿之间行驶了 33 千米，载客 600 人。为了保证安全，有一个人骑着马，手里拿着红旗开道。试运的结果十分成功，从这个时候起，才有了真正的铁路运输。

1829 年，新修建的铁路要通车了，对于在人烟稠密的地区是否能通火车，争论很大。马车老板首先起来反对，因为通车后，他们的生意就会丢了，为此他们甚至打算暗算斯蒂芬逊；报纸上也说，高压蒸汽对人的生命有危害。用马车好，还是用蒸汽机车好，人们顿时议论纷纷。后来，支持火车的人出 500 英镑的奖金，悬赏最好的机车以保证绝对安全。最后，决定在莱茵希尔进行试车比赛，比赛日期定在 1829 年 10 月，报名参赛的共有 10 辆机车，斯蒂芬逊为这次比赛制造了一辆新机车，命名为"火箭"号。"火箭"号在性能上有很大的改进，是一辆优良的机车。

10 月 18 日，比赛开始，1 万名观众参观了这次比赛，不过实际上只有 3 辆蒸汽机车出场参加竞赛。斯蒂芬逊驾驶的"火箭"号机车表现最为出色，它来回安全地行驶了 90 千米，大大领先其他的机车，人们对蒸汽机车的怀疑烟消云散。《利物浦光明报》报道称："这次试验取得了一个重要成果，它将改变国内整个交通结构。"

斯蒂芬逊被后人称做"铁路之父"，是近代蒸汽机的奠基人。你也许没有想到，斯蒂芬逊在 18 岁的时候不会写字。他是一个贫苦矿工的儿子，8 岁就去给人放牛，14 岁就跟着父亲到煤矿去做工，接触了纽可门蒸汽机。

斯蒂芬逊小时候没有机会进学校，18 岁时他立志去夜校读书，学写字。后来又和他自己的儿子一起学习儿子的课本，他不但提高充实了自己，还把自己的儿子培成一个出色的桥梁工程师。

蒸汽火车头已经进入博物馆了，但是铁路运输事的发展方兴未艾，新兴起的内燃机车和电力机车速不断提高，准高速、高速铁路正在我国建成。时速 2 千米～500 千米的磁悬浮列车的开通，将使古老的铁运输焕发出青春。

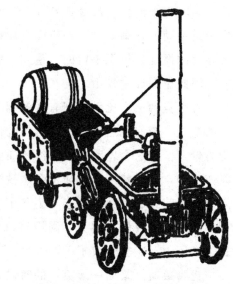

斯蒂芬逊的"火箭"号蒸汽机车

67 让飞快的火车停下

——空气制动器

19世纪60年代的一天,威斯汀豪斯坐火车去纽约,当火车走到一个交叉路口的时候,有一辆马车正好也通过这里,尽管火车司机拼命地用力去拉刹车闸,但还是把马车撞毁,造成车毁人亡的惨剧。

威斯汀豪斯是美国发明家和工业家,一生有100多项发明专利。他对铁路很感兴趣,因此他的第一个重要发明就是空气制动器。

面对这个惨不忍睹的场面,威斯汀豪斯想,应该发明一种有效的制动器,能使火车迅速地停下来,避免类似的事情发生。

当时火车的速度已经达到56千米/小时以上,而火车的制动器仍旧完全是手动的。刹车时,司机要拼命地扳刹车闸,但是列车在行进中具有强大的惯性,仅靠手臂的力量和一般的车闸,很难使火车迅速地停下来,因此车祸经常发生。

必须找到一个比手扳闸有效的刹车方法,威斯汀豪斯首先想到火车上的蒸汽。蒸汽既然具有推动机车前进的力量,也一定就具有制动列车的力量,按照这个思路,威斯汀豪斯画出了一张张图纸。他父亲是开铁匠作坊的,因此威斯汀豪斯也会做铁活。每当工人中午休息的时候,威斯汀豪斯就自己动手,接连干了几个月。样品做出来了,但是并没有达到制动火车的目的,因为,高压蒸汽在通过长长的管道后,已经冷凝,丧失了压力,实验失败了。

正当威斯汀豪斯一筹莫展的时候,一位卖报的小姑娘缠着他买一份《生活时代》报,威斯汀豪斯看着小姑娘渴望的目光,就买了一张。报上一则关于法国开凿塞尼山隧道用压缩空气驱动大型凿岩机的报道，引起了他的注意，他马上联想到多日冥思苦想的制动器。既然压缩空气可以带动凿岩机，可挖掘坚硬的石头，也许能用压缩空气推动刹车装置，来制动正在行进中的火车。

这个想法驱散了威斯汀豪斯的沮丧和疲劳，没有几天，他就制成了新型的空气制动系统，这个系统并不复杂，只增加一台由蒸汽机带动的空气压缩机；每个制动器都与一个汽缸连接，压缩空气可以通过管道送到汽缸里。刹车时，只要把阀门打开，压缩空气就会推动汽缸活塞，使闸瓦抱紧车轮，列车就会减低速度，迅速地停下来。

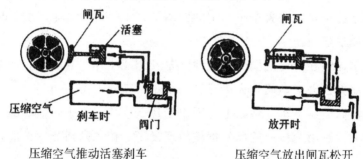

空气制动器原理图

说白了，压缩空气不就是风嘛！"用风来停下一辆火车，真是异想天开！"许多人用怀疑的态度这样评论。

经过几次磋商，威斯汀豪斯终于被允许在一辆火车上进行实验，在一次实验中，他驾驶着一列火车以 65 千米/时的速度前进，突然，一辆受惊的马车窜上铁道，威斯汀豪斯果断地拉开空气制动器的阀门，被压缩的空气立即放了出来，有力地推动着闸瓦，闸瓦紧紧抱住飞快转动的车轮，火车迅速平稳地停下来了，避免了一场严重的交通事故。

事实说明了，威斯汀豪斯研制的空气制动器是成功的，是一种有效的刹车装置。1869 年，威斯汀豪斯取得了空气制动器的专利。同年，他成立了威斯汀豪斯空气制动器公司。3 年后，全世界的火车都装上威斯汀豪斯的空气制动器，汽车上也装上了这种刹车装置。直到今天，火

车和汽车仍使用空气制动器，确保行驶安全。

68　占天不占地

——单轨铁路

你见过单轨铁路火车吗？它的发明者是 19 世纪 80 年代的一位法国工程师拉尔廷纽。

拉尔廷纽在当时法国的殖民地阿尔及利亚工作。有一天，他乘火车到一个地方去办事，但是火车开到一个小站就停下来了。

乘客们纷纷下车，到站上打听出了什么事情。原来，前面的一辆火车出轨了，是因为沙漠的风暴把铁轨埋没了。拉尔廷纽非常着急，但也没办法。

小站上，拉尔廷纽踱来踱去，头脑里却在不断地想着铁轨被沙子埋没的事情，如何才能不让沙子将铁轨埋没呢？忽然他看到正在火车站装卸货物的吊车，一下子想到了曾有人提出过的单轨火车，于是突发奇想：如果用单轨道，而且将铁轨架高，这样铁轨不就不会被沙子埋没了吗？

但是，当拉尔廷纽把自己的想法告诉别人的时候，却没有人表示赞同。那么重的火车，如何能架在高高的车轨上行走呢？如何保持平衡呢？拉尔廷纽并不气馁，他锲而不舍地思考着。一天，他看到赶骆驼的人把货物分成两边装载在骆驼的背上，心想：火车的车厢如果也分成两个，跨在架高单轨的两侧，也许就可以保持平衡。

也许单轨列车的设想不是拉尔廷纽第一个提出来的，但他是第一个来努力实现它的。

沙漠之舟——骆驼的启示

1880 年，拉尔廷纽在非洲阿尔及利亚和突尼斯之间修建了一条单轨铁路，列车用钢丝绳牵引，车厢就像在骆驼驼峰的两侧驮着的货物那样，左右各一个悬挂在铁轨的两侧。这种单轨列车可用于拉货，行驶平稳。

1886 年，在英国的爱尔兰，也建造了单轨列车，由于那时没有电气技术，所以是在铁路两端用两台蒸汽发动机牵引的。

由于单轨列车占地少，到了 20 世纪，发展很快。1910 年，在纽约建成了速度为 80 千米/时的单轨列车，为了增强车辆的稳定性，使用了陀螺原理。在车厢的底部装了一个很重的陀螺，转动的陀螺有极强的稳定性，如果列车有些晃动，陀螺可以矫正，还可有效地防止翻车。1957 年，德国也建造了单轨列车，运行以来从没有发生过事故，得到人们的赞扬。日本东京也有一条从市内到羽田机场的单轨铁路。不过，单轨铁路成本较高，速度也受限制，所以，并未广泛使用。

69　纺织先驱黄道婆

——棉织工具

黄婆婆，黄婆婆，

教我纱，教我布，

二只筒子，两匹布。

这是在上海地区传颂的一首儿歌，说的是中国古代杰出的女纺织家黄道婆。现在上海的南区仍有一座奉祀黄道婆的先棉祠。1957 年，上海人民重新修整了黄道婆的墓地，并且树立了新的石碑，碑上刻着她的光辉业绩。

　　黄道婆，又称黄婆，生于南宋末年（约公元 1245 年），是松江府乌泥泾镇（今上海市）人。她出身在一个贫苦的农民家庭里，家里孩子多，一年到头吃不上一口饱饭。十二三岁就被卖给人家当童养媳，白天下地干活，晚上纺纱织布到深夜，还经常遭受公婆、丈夫的非人虐待。

　　一次，她无端被公婆、丈夫一顿毒打后，又被锁在柴房里不给饭吃，也不让睡觉。黄道婆再也忍受不了这种非人生活，决心逃出去另寻生路。门被锁上了，窗户也被从外面钉上，怎么办？她仰天长叹，突然看到透过茅草屋顶射进来的星光，原来柴房年久失修，顶上的茅草已很稀疏，她立即在房顶上掏了个洞，半夜逃了出去，躲进一条停泊在黄浦江边的海船上。

　　开船后船主才发现船上藏着一个年轻的女子。听了黄道婆的悲惨叙述后，船主的妻子很同情她的遭遇，同意把黄道婆留在船上做一些粗活。后来黄道婆随船到了海南岛南端的崖州（今海南省黎族苗族自治州崖县），这真是来到了"天涯海角"，不怕她的公婆、丈夫来找。

　　来到这里，黄道婆面临的困难是不言而喻的，但是她获得了自由。为了吃饭，她在一家黎族人的家里帮工，这家人以手工纺织为生。

　　在中国古代，最初是以丝、麻为主要制衣机械的原料。早在 2100 多年前，中国内地的丝麻的纺织技术已经相当先进，但是棉织业发展比较晚，原因是棉花盛产于南亚次大陆，是从那里传入中国逐步发展到内地的。所以当时海南岛的棉织业比较发达，黎族人民已经掌握了比较先进的棉纺织生产技术。

　　黄道婆是一个非常勤劳又善于动脑筋的人，她虚心向黎族同胞学习纺织技术，逐渐成为一个出色的纺织能手。

　　黄道婆虽然身在海南却十分怀念故乡，数十年后，她依依不舍地辞别了黎族同胞，带着黎族人民先进的纺织工具，搭顺道海船回到了阔别 30 多年的乌泥径镇。黄道婆重返故乡的时候，棉花的种植已经在长江流域大大普及，但是棉纱的纺织技术、棉花加工技术，如去籽、弹松、并条、纺纱等方法仍相当原始落后。

黄道婆回乡后，就致力于改革家乡落后的棉纺织生产工具，她创造了一整套纺织工具。首先在除去棉籽方面，当时剥棉籽的方法是用手工剥或用铁杖擀，效率很低。黄道婆把黎族人民用的搅车介绍过来，搅车又名轧棉车，是由装置在机架上的两根辗轴组成，上面的是一根小直径的铁轴，下面的是一根直径比较大的木轴，用手摇动，两轴向相反方向转动。把棉花喂进两轴间的空隙辗轧，棉籽就被挤出来留在后方，棉纤维（皮棉）被带到前方。应用搅车可以迅速地剥离棉籽，大大提高了生产效率，这在当时是一件重大的技术革新。她发明的轧棉车比美国惠特尼发明的轧棉机早四五百年。

黄道婆还改进了弹松棉花的工具。当时内地用一把 1 尺多长的小竹弓，用手拨弹弓弦弹棉花，费时费力，效率很低。黄道婆把小弓改成 4 尺长的大弓，用绳弦代替原来的线弦增加弹力。但是弓做大了用手拨弦弹起来就很费力，黄道婆就让木匠用檀木做一个槌子，用槌子击打弓弦代替手弹，省力多了，效率也高多了，弹出的棉花也均匀细致。

棉花弹好后，就要纺纱，当时的旧式纺车是单锭手摇纺车，一次只能纺一根纱，效率低又费力。黄道婆参照纺麻的脚踏纺车反复琢磨，跟木工师傅一起，经过多次试验，改成三锭脚踏棉纺车，一次可以同时纺三根纱，使纺纱效率一下子提高了两三倍，操作也省力得多。

黄道婆还把从黎族人民那里学来的织造技术，结合自己的实践经验，总结出一套比较先进的"错纱配色、综线挈花"等织造技术，热心向人们传授，因此乌泥泾织出的纺织品鲜艳如画，远销各地，很受欢迎。

虽然黄道婆回乡后没几年就离开了人世，但是在她的努力下，当地棉纺织业得到迅速的发展。黄道婆去世不久，松江一带就成为全国的棉织业中心，历几百年之久而不衰。明正德年间（16 世纪初），当地农民织出的布，一天就有上万匹。18 世纪乃至 19 世纪，松江布更远销欧美，获得了很高的声誉。

70　改变了美国的农业

——轧棉机

1792 年，在美国南方平原的大路上奔驰着一辆破旧的马车，车上坐着一位年轻人，他叫惠特尼。他刚刚从耶鲁大学法律系毕业，到佐治亚州去工作，这会儿他正在赶路。不料，马车车轴突然断了，他们只好步行走到前方的一个庄园。

本来惠特尼只想在这里修理好他的马车继续赶路，但是他却和庄园的女主人格林夫人一见如故，变成了朋友。格林夫人是在美国独立战争中建立了功勋的格林将军的遗孀，现在是她在管理这座庄园，种植的是绿籽短纤维的棉花。今年棉花大丰收，但坚硬的棉籽牢牢地粘在棉花纤维里，把它们分离开非常困难。一个女工，一天拼命地干才能剥出一磅棉花，大量的棉花堆在那里，真是愁死人了。

惠特尼很同情格林夫人，又因为他原本出身在一个农民家庭里，父亲本来是想让他干农活的，但是，他从小却喜欢摆弄机械。听了格林夫人的叙述，看到堆积如山的棉花，惠特尼决定放弃即将赴任的工作，留在庄园一面做家庭教师，一面研究一种剥棉籽机。

惠特尼到棉田去采棉，并亲自动手剥棉籽，他仔细观察着女工剥棉籽手指的动作。他注意到剥棉籽时要一只手拉住棉花的纤维，另一只手使劲地向外拉才能拉出棉籽，两个手指每次只能捏住一粒棉籽。

"如果能多长出一些手指来就好了！"惠特尼琢磨着。他想，铁齿多像人的手指，如果用一排排带钩子的铁齿来代替人的手指，剥棉籽的效率一定会大大提高。

经过 6 个月的努力，惠特尼制造出一种构造极简单而又十分有效的剥棉籽机：一个可以旋转的滚筒上面有大量的带钩的铁齿，这些带钩的铁齿可以把棉籽上的棉纤维钩下来；另外还有一个装有鬃毛的滚筒，可以擦掉铁钩上的棉花纤维，并通过离心力将棉花纤维抛出，而棉籽通过另一个装置就可以滤出去。惠特尼制造的轧棉机一下子把剥棉籽的工效提高了 50 多倍，如果用水力带动一台轧棉机，可以代替 1000 个工人的工作。问题一下子解决了，格林夫人不再发愁了，而且她准备种植更多的棉花。

轧棉机的发明使美国南方植棉业迅速发展，成为繁荣的农业区。没有一个人在 6 个月里所做的工作对美国农业的发展产生这么大的影响。农场主们不再为剥棉籽的难题发愁，提高了大量种植棉花的积极性。

轧棉机发明后一年左右的时间里，美国的棉花产量就从 250 万千克增加到 400 万千克，6

惠特尼的轧棉机

年后又增加到 1600 万千克，25 年后增加到 1 亿 1200 万千克，使美国成为世界上的产棉大国。南方的农场主拼命的驱使奴隶去种植更多的棉花，因此，轧棉机的发明不仅没有把奴隶从沉重的劳动中解脱出来，反倒使他们陷入更加沉重的压迫之中，这也是导致南北战争的原因之一。

惠尼特本人却没有从这里得到什么好处，因为这种轧棉机的结构简单，惠特尼的专利很快就被人窃取，各地都出现了仿制品。为了维护这项发明，惠特尼把他因轧棉机专利得到的 5 万美元奖金都花在打官司上了。但是一切的努力都是徒劳的，更倒霉的是他运轧棉机的船遇到了暴风雨，倾覆了；接着是工厂遭到火灾，生产出来的轧棉机全部被烧毁了，惠特尼不得不停止了轧棉机的生产。后来惠特尼又转向其他的发明并获得了成功。

71　不再用手工缝制

——缝纫机

几乎任何一个家庭妇女只要不怕辛苦都会缝衣服，在缝薄布时针可以穿来穿去。厚布针一穿过，手就要放到布的下面，上面的手指用顶针把针顶下，手再从布中把针拉出，而下一次的动作恰好相反，通过这样反复的动作才能进行缝纫。手工缝制不能满足大量的需求。乍一看，缝衣是一件非常简单的事情，让它机械化则不简单，很多的发明家多次进行了缝衣机械的研制。

最早的缝纫机可以追溯到 1790 年。英国的圣托马斯发明了一种手摇缝纫机，用木材做机体，部分零件用金属材料制造，当时是为缝制鞋靴而制造的，使用一根线缝纫，但是它是世界上出现的第一台缝纫机。

最倒霉的发明家大概算是法国的巴泰勒米·蒂莫尼埃。他是一个穷裁缝，住在法国罗纳河畔，为了给法国军队缝制衣服，1841 年，他发明设计和制造了缝纫机，缝纫速度比手工速度快 10 倍以上。两年以后，他得到巴黎军服制造厂订购 80 台的订单，同时受聘为这个工厂的监督和技术员。但是，那些靠手工制作的裁缝们认为蒂莫尼埃抢去了他们的饭碗，于是唆使暴徒捣毁了他的缝纫机。最后他只拿着一台幸存的缝纫机徒步走回家里，这时他身无分文，只好靠表演缝纫机赚一口饭吃。

1845 年，蒂莫尼埃又遇到了一次成功的机会，一位名叫马尼杨的人，要求蒂莫尼埃生产最新款式的缝纫机，这种新款式的缝纫机每分钟可以缝 200 针，机架是金属的。如果再有一些时间能打破法国的保守思想，缝纫机就可以打开销路。但是 3 年后，又有一些暴徒（比上一次规模还大）捣毁了工厂。从此蒂莫尼埃完全丧失了重新制造缝纫机的勇气，在贫困中默默死去。

1834 年，汉特发明了针尖有孔，使用两条线的缝纫机。这是一项很重要的创新。

还有位发明家伊莱亚斯·豪。1819 年豪出生在美国的马萨诸塞州的斯宾萨，是一个贫农的儿子。从 6 岁起就帮助家里劳动，维持生活，只上了 3 年小学，此外再也没有受过任何正规教育，16 岁以前一直在父亲的制粉厂劳动。又因为他生来腿脚有些毛病，行路困难，不适合做农活，因而对制粉机非常感兴趣，经常细心地观察。

然而豪热心搞发明的最大动力是希望能把自己从贫穷中解放出来。他曾经到迪比斯那里当过助手，迪比斯曾经为大学教授制作过科学实验用的精密仪器，在那里豪十分出色地掌握了这些技术。一天，哈佛大学的一位教授前来，他们谈了许多有关机械的事情，他们还谈到缝纫机，说只要发明了缝纫机就可以发财，这些话对豪的影响很大，他琢磨着自己怎样去发明缝纫机。

豪不断地考虑缝布的原理。缝布到底是怎么回事，把两块布缝在一起，究竟采用什么方法好。

圣托马斯和蒂莫尼埃发明的缝纫机的缝纫线迹都是属于链式线迹，是由缝线的线环自连或互连而成，优点是缝线富有弹性，不易崩断；缺点是一旦崩断很容易脱线，而且缝纫速度不是很快，线迹较宽，只适于在衣料背面使用。

1844 年，豪路过一个织物匠的门口，看到了织物机械上穿横线的梭，心中一动：如果用梭子上的线把针尖带过去的线固定下来，两者一结合，不就可以把布缝结实了吗?！再采用有孔的针尖，可以省下许多

就是他抢走了我们的饭碗！

拉线的时间。

当然，把过去一针一线的缝纫改为针尖与梭子的结合，用两条线来缝合，这个技术说起来很容易，只是调整起来十分困难，需要熟练的技术，即使豪这样优秀的技师，也花费了很长的时间进行研究。

豪的妻子、父亲和弟弟都支持他的工作，豪辞去了迪比斯工厂的工作，专门致力于发明缝纫机。1845年，当他26岁的时候，他终于制出了一台新型的缝纫机，于1846年取得专利。这种缝纫机也使用两根缝线，但是两根缝线是相互交叉，像两把锁互相锁住一样，所以称为锁式线迹，优点是不易脱线，线迹分布密实。

这台机器每分钟可以缝250针，然而豪得到的却是人们的嘲笑和谩骂。有趣的是，豪的弟弟将这种机器带到英国，以很少的价钱将这台机器连同制造权都卖给了紧身衣制造商威廉·托马斯。托马斯用很少的一点钱就轻而易举的从发明家的手里买来了专利，以此发了一笔大财。但是他不懂技术，于是请豪到英国来。豪以为自己长期的辛苦终于有了识货的人，就带着妻子和三个孩子一起来到英国。

然而托马斯从豪那里学会技术以后，就抛弃了豪。豪一家住在伦敦的贫民窟中，生活艰难，只好典当了自己制作的机械和美国的专利证书，在船上做厨房帮工，回到美国。

豪返回美国后，发现自己发明的缝纫机已被人大量仿制；还有一家胜家公司，也向专利局提出了缝纫机专利申请。豪为此对法院提起上诉，经过紧张的斗争，1854年，法院判决豪胜诉，因为豪的专利申请在先。

胜家公司无论怎样也不能躲开豪发明的技术，只好付给豪专利费用。1863年，豪获得的专利费一天就达4000美元，一年得到200万美元的巨款。

豪终于成为百万富翁。他心地善良，对任何人都十分亲切。他为穷人捐款20万美元。在南北战争中他作为一名普通的士兵参军，并自己出钱来支付军队的开支。豪58岁去世。

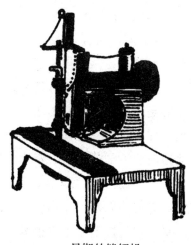

早期的缝纫机　　　　　　　　梭子

早期的缝纫机

　　此后，缝纫机开始大量生产，并逐步增加了钉纽扣、锁纽扣、加固、刺绣、卷边、包缝等多种功能。并且出现了微型计算机控制的家用多功能缝纫机。

72　结束面朝黄土背朝天

——收割机

　　多少年来，人们靠天吃饭，地里的庄稼用镰刀一束束地割下来，再一捆捆地捆好，运到场上脱粒，十分辛苦，同时也限制了农业大规模的发展。

　　1808年，英国人萨尔门曾经发明过一种人力的收割机，不过那只是在一条长棒上装了一排有刀刃的工具。

1826 年，英国人贝尔模仿剪刀的原理，研制出一种用马拉的收割机。这种收割机是把谷物剪下来，而不是割，而且庄稼散乱地倒在地上，还要人去打捆，再运到场上脱粒。但这已是一个进步了。

1833 年，美国有两个人各自在独立地进行收割机的研究。一位叫马克米克，另一位叫霍生。令人惊奇的是，他们之间并不相识，但是在同一个时期发明出来的收割机竟一模一样，都是一种马拉的收割机，它不仅能割，还能把收下的麦子自动地抛向后方的台子上，跟在后面的农民，就可从台子上取下麦子，把它直接送到场上脱粒。

这种收割机的效率是人工的 6 倍，参观的人都惊叹不已。

马克米克和霍生都申请了专利。双方在生产上竞争得很激烈。开始时，双方的买卖都很好，后来马克米克的工厂由美国东部迁到西部，而霍生却把工厂从西部迁到东部。由于西部正在大量开垦种植庄稼，收割机畅销；而东部在发展工业，收割机滞销亏本，霍生终于在竞争中失败了，卖掉专利权，另谋出路。

马克米克收割机工厂越来越发展，最后成为世界上最大的农业机械厂。

麦子收割后就是脱粒。多少年来，脱粒都是用木棒捶打或用石磙碾压。

1732 年，英国的曼吉斯利发明用水车做动力的脱粒机，转动的水轮带动连枷不断打击麦粒。这个脱粒机的设计不错，但是，一个不断旋转的庞然大物，伸着长臂，发出砰砰啪啪的巨响，不仅使人担惊受怕，弄不好还会出人命。何况打下的麦秆和麦粒混在一起，还要再分开，也不省事。

1786 年，英国的梅克里又发明了一种用水车为动力的脱粒机，不过他把可怕的连枷改为圆形像水车模样的滚筒，使用起来安全多了。特别是在脱粒装置的下面加了一个筛子，可以使麦粒与麦秆自动地分开，改进后的脱粒机受到了人们的欢迎。

农业的发展，使人们希望有一种从收割到脱粒能一次完成的机器。

1922年，梅西·哈里斯发明了一种畜力牵引的收割机，它能从收割、脱粒、清洁到装袋一次完成。后来，改用蒸汽机带动，用脱粒后的稻秆为燃料。不过蒸汽机十分笨重，很快就被汽油发动机代替了。

这种新型的收割机设计十分完美：收割台上有一只"手臂"，像人手一样把麦子搂向切割器。切割器像理发的推子一样，把麦子割下，割下的麦子立即送到倾斜的、有许多钉齿的脱粒机上脱粒。脱了粒的麦秆被送到一个有锯齿的台阶上，这些锯齿不断地抖动，每抖动一下，麦秆就向上爬一点，接着脱粒。与此同时，下面的筛子还把从麦秆中抖落下的麦粒进行清选，同时，风扇吹去麦粒里的杂质，这样收下的粮食，可以直接装在袋里运走。

这样好用的收割机很快在全世界推广使用，农民收割时不再面朝黄土背朝天，摆脱了繁重的劳动。由于它将收割、脱粒、筛净、装袋等都一次性完成了，因而获得一个美名：联合收割机。

现在使用柴油机为动力的联合收割机，在我国农村，也大受欢迎！

73　强壮和灵巧的钢手

——机床

"世上只有妈妈好！"这是小朋友们喜欢唱的歌。如果我们周围的一些物品能唱歌的话，它们歌颂的"妈妈"应该是机床，机床是制造各种机械和物品的母机。

对金属或其他材料的坯件或工件进行加工，得到所需要规格的产品的机械就叫机床。其实很多国家出于生产的需要，早就发明了各种简单的机床，不过那是用手拉或脚踏作为动力，通过绳索或皮带使工件旋

转，而刀具是由操作者拿在手里进行加工的。

这样简单而又原始的机床，当然不能满足制造精密的、大型的物件加工的需要。1765年瓦特发明的蒸汽机申请到了专利，但是因为没有镗制汽缸的机床，使瓦特蒸汽机在模型制作成功后，经过将近10年时间的努力，都未能镗制出符合设计要求精密度的汽缸，也就使瓦特蒸汽机一直未能走进市场。后来是英国一位名叫威尔金森的钢铁企业家，发明了镗制炮筒的机床，同时解决了瓦特蒸汽机汽缸精密度的要求，由此蒸汽机才能得以走向市场。

可见现代机床的发明对工业机械化的进程具有多么重要的意义。

在现代机床发明中最起作用的，还是英国莫兹利发明的机床。

莫兹利没有受过正规教育，12岁进入兵工厂，15岁到一家铁匠铺当学徒。他听说乌尔维奇炮厂招工，而这个炮厂有一位著名的机械师和发明家，叫布拉默，莫兹利就辞去了铁匠活，去布拉默的工厂报名，如愿以偿成为布拉默的弟子，并且不久就当上了总工长，为工厂大量生产刚获得专利的锁。

布拉默的制锁的生意很好，而造锁的车床则十分落后、简陋。使用的是原始车床，工人两只脚要不断地踩动踏板，带动绕在工件上的绳索，使工件转动，再用两只手紧握刀具，在工件转动时进行车削。

莫兹利决心改变这种状况。他和瓦特是忘年之交的朋友，从瓦特那里了解到蒸汽机的威力，他就用蒸汽机来带动机床的转动，解放工人的双脚。

自从1776年蒸汽机进入市场后，已经成为许多工业的动力，莫兹利首先使蒸汽机成为自己车床的动力，解放了工人操作的双脚，但是装上蒸汽机后，车床振动得非常厉害，莫兹利又用坚实的铸铁床身代替过去的三角铁棒机架，床身的重量增加了，就是高速旋转也不用担心它会振动了。

余下的事是解放工人的双手了。莫兹利是一个熟练的工匠，他思考自己是如何用双手做活的，在车制一根圆棒的时候，手总是做向前向后或向左向右的动作。这两个动作并不复杂，可以用一个"机械手"来代替。这就发明了现代机床的一个重要部件——滑动刀架。

8年学徒期满后，为了养家糊口，莫兹利向布拉默提出增加工资，但是遭到拒绝。于是莫兹利提出辞职并自己建了一个小工厂。他在接受了第一批订货后，小心谨慎的制作出尺寸正确的优质产品，取得了信誉，从此订单不断。

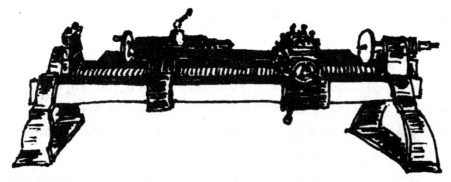

早期的车床

莫兹利的第一项大宗定单是海军部定制的滑轮，为了完成这批任务，莫兹利制作了44台车床，从而顺利地完成了这批任务。莫兹利最引人注目的工作，是他于1797年改进了螺纹加工机床，他把进给箱和安装在车床上的丝杠相啮合而自动进给车刀，与过去的螺纹加工机床相比，可以加工出十分精密的螺纹。这一改进成为现代车床的原理，对英国工业革命具有重要意义，因此他被称为"英国机床工业之父"。

莫兹利不仅是一个优秀的机械技师，同时也是一位出色的教育家，他培养出一代技师，为英国机械工业的发展担当重任。

74 给"地狱"送去光明

——安全灯

在没有电的时候，黑暗的矿井里用什么照明呢？

你也许会说用火把。火把？千万不能用！因为在矿井里常常出现瓦斯，这是一种易燃、易爆的气体，任何一点火星都会带来巨大的灾难。矿工下井不敢带任何照明的灯火，他们在无尽的黑暗里工作，有时候在瓶子里装一些萤火虫来照明。

1813 年的一天，英国北部的希瓦土煤矿发生了一次重大的爆炸事件，死亡了 90 多名矿工，震惊了英国上下。后来，在英国的纽卡斯卡和卡尔迪弗又连续发生矿井爆炸，死亡数千名矿工，为此英国宣布全国服丧致哀，以悼念死去的矿工。

当时著名的英国化学家戴维和他的助手法拉第刚从欧洲旅行归来，仁慈的霍奇森牧师赶来拜访他，他恳求戴维用科学来拯救这些苦难的矿工，煤矿公司也颁布了特别奖金来奖励那些能发明安全矿灯的人。

戴维和法拉第都出自贫寒的家庭，他们对矿工的处境十分同情。为了搞清瓦斯爆炸的原因，他们花了近一年的时间来研究，对这种气体的性质和燃烧条件，都进行了反复的试验。他们用一些极细的管子把这种气体通到灯焰上，他们发现，当管子细到一定程度时，瓦斯气就不会发生爆炸。后来又发现，金属网有隔断瓦斯火焰的能力。

关于这个现象你可以做一个实验：找一块铁窗纱放在蜡烛火焰上，你会发现，在铁纱的上面没有火焰。

火焰不能通过金属网的奥秘是什么？

我不下地狱，谁下地狱！

　　这是由于金属网能把大量的热散出去，使网上面的温度低于可燃气体的燃点，所以不能燃烧。

　　这个道理十分简单，但是过去没有人注意把它用到灯上。1816年，戴维成功设计了一种安全灯，这种灯是用一种极细密的铜丝网来代替原来的玻璃灯罩。这样就可以做到，灯芯在铜丝网中燃烧照明，但因为灯焰被铜丝网隔断了，灯的周围温度已降低到瓦斯的燃点以下，不致引燃瓦斯引起爆炸。

　　灯做好了，霍奇森牧师非常高兴，但是还要进行实地试验，证明这种灯在充满瓦斯的矿井里真的不会爆炸。

　　由谁到矿中进行试验呢？霍奇森牧师毫不犹豫地要求自己来做，戴维知道，试验结果有可能失败，但是，牧师态度坚决地对戴维说：

　　"我不下地狱，谁下地狱呢！"

　　霍奇森牧师的话深深地感动了戴维和法拉第，为了保险，他们来到坑道瓦斯的排放口，在那里对这种安全灯反复进行了试验，确认从排放口排出的瓦斯，确实不能被安全灯所点燃，这才让牧师提着安全灯到矿井中去。

矿井里正在作业的矿工看见有人提着一个跳动着火苗的灯进入了坑道，不免惊慌，但是什么事也没发生，霍奇森牧师平安地走出来了。安全灯试验成功了，霍奇森牧师给"地狱"送去了光明。

由于发明安全灯，戴维获得了朗福德勋章。

霍奇森牧师的高尚品德也代代相传。

75　点燃工业革命的火炬

——蒸汽机

提起瓦特，几乎无人不知无人不晓，但是他是如何发明了蒸汽机，却有许多说法。有人说，一天，童年时的瓦特，看到沸腾的水蒸气把水壶盖顶开，从而发明了蒸汽机。这固然是一个动人的故事，然而这种说法不正确，一件重大的影响历史进程的发明不会那么简单。

瓦特只是改进了蒸汽机，当时可实用的蒸汽机已经出现了60年了，蒸汽的动力早就被人们发现。原始的蒸汽机是1705年由托马斯·纽可门制成的，并在英国数百个矿井使用，作为抽水机的动力。只是那时的蒸汽机体积大、效率低，很不好用。

瓦特生于1736年，少年时就精通木工、金工、锻工和模型制造等技术，还用了3年的时间专门学习仪器制造。

1764年，瓦特接受格拉斯哥大学委托，修理一台纽可门式蒸汽机的模型。这虽然是一个模型，但它是一个真正能操作的蒸汽机，它有小小的锅炉，也有活塞和汽缸。瓦特用过纽可门蒸汽机，但对蒸汽机的构造并不内行他仔细地拆开每一个部件，认真地进行研究，不久就把蒸汽机修好了。他用酒精灯加热锅炉，蒸汽机果然动作起来，瓦特很高兴。但是，瓦特是个爱琢磨的人，他发现这台蒸汽机的效率极低，虽然锅炉制造出大量蒸汽，但这些蒸汽并没能做出所能达到的功。

瓦特发现了纽可门式蒸汽机的缺点，却没能找出原因，于是向格拉斯哥大学的物理教授布莱克请教。布莱克教授告诉他，这是因为，纽可门蒸汽机在将锅炉里的水烧成压力很大的蒸汽时，赶快给汽缸泼凉水，使蒸汽冷凝，形成压力很小的真空，于是大气压力才能推动活塞将地下的水挤压到蒸汽机的提水管中来。一方面不断给蒸汽机汽缸泼冷水，一方面又不断烧开锅炉里的水使蒸汽充满汽缸，所以，燃烧过程中产生的热能就这样被白白地一冷一热、一热一冷消耗掉了。

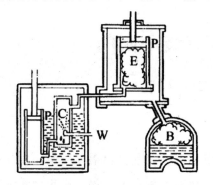 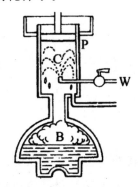

瓦特蒸汽机设计示意图　　　　纽可门蒸汽机设计示意图
（汽缸与冷凝器分开）　　　　（汽缸与冷凝同在一容器内）
瓦特蒸汽机与纽可门蒸汽机工作原理比较图

怎样克服纽可门蒸汽机的缺点呢？瓦特一直在思索着。一个星期天的早晨，瓦特在格拉斯哥大学的草坪上散步时，突然想到，如果给蒸汽机设计一个冷凝器，将冷凝器与锅炉的汽缸分开，这样，当需要将蒸汽冷凝时，只要给冷凝器浇凉水就行了，不必将蒸汽机的汽缸降低温度，这样不就可以大大节省燃料了吗?!

主意打定，瓦特制作了一个模型，经过实验，果然能大大节省燃料，提高热效率。

1765 年，瓦特发明了有与汽缸分开的冷凝器的蒸汽机，并于 1769 年取得了这项技术的专利。在这以后，瓦特一直不断研究、改进蒸汽机，并取得多项专利。瓦特在回忆自己的发明时说："多亏了格拉斯哥大学草坪上的散步！"

瓦特的发明，意味着机械的力量，使人类从此变得强大起来。瓦特的发明点燃了工业革命的火炬，人们为了纪念瓦特为蒸汽机的发明做出的重大贡献，修建了纪念碑，上面刻着"才能加努力方能成功"，并且公认他是蒸汽机的发明人。

76 给蒸汽装个阀门

——自动控制

瓦特的一生有许多发明。他发明的新式蒸汽机引发了第一次工业革命；另一个重要发明，连他自己也没有想到会成为第二次工业革命的火种。这就是瓦特在自动控制方面的贡献。

瓦特在纽可门蒸汽机的基础上加以革新的蒸汽机，还是只能推动活塞做上下垂直运动，从矿井中将积水提升上来的功能单一的蒸汽机，然而要使蒸汽机作为一切机器都可以使用的机械动力，还必须使蒸汽机能做圆周运动，用转动的力来做功，这在古老的发明——水车、水磨和水力纺纱机等上都已得到证明。

瓦特有一位名叫默多克的工人助手，帮助瓦特想出了一种用活动的杠杆带动小齿轮转动，再用小齿轮带动大齿轮旋转，就可达到使蒸汽机能做圆周转动，成为一切机器都可运用的机械动力。这一被命名为"行星的运行"的蒸汽机，瓦特于 1781 年申请了专利。

然而瓦特的性格内向，为人腼腆，所以他对自己发明的机器总是有一些担心，这种做圆周转动的蒸汽机会不会正常工作？确实，蒸汽机有时会像脱缰的野马一样，越转越快，必须派人精心管理、调节，当蒸汽机转得慢时多给一些蒸汽，转得快时少给一些蒸汽。这件事使瓦特忧心忡忡，万一晚上值班的工人睡着了怎么办？

为此，瓦特又在控制蒸汽机方面做了两项重要的发明，一直到现在还在使用。

一项发明是自动控制蒸汽机转速的装置（见插图），这种装置是在一根能旋转的竖直轴上系上两个金属球，当竖直轴开始旋转的时候，由于离心力的作用，金属球会向外甩开，带动竖直轴上升，蒸汽机转得越快，小球上升得越高，竖直轴控制的蒸汽阀门就会闭合，减少进入汽缸的蒸汽，蒸汽机的转速随之减慢；金属球在重力的作用下缓缓下降，蒸汽阀门又被打开，使较多的蒸汽进入汽缸。

这样蒸汽机就有了"头脑"，能自动修正自己的"错误"，使转速稳定在一定的速度上，这个装置叫"离心调速器"。

另一项发明是一个能自动画出蒸汽机向外输出功的仪器，它通过与

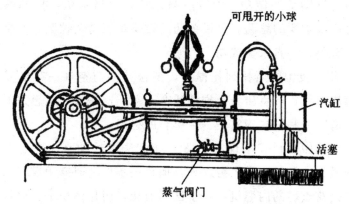

可甩开的小球

汽缸

活塞

蒸气阀门

自动控制蒸汽机转速的离心调速器

活塞杆连在一起的一个指针，画出一个闭合的面积，面积大小表示了蒸汽机输出功的多少。这种装置如今在大学的热力学课程里还有，是研究蒸汽机、内燃机及其他热机效率的重要依据。瓦特的发明对工业自动化有很深远的影响。现在的自动化已经发展到这样的程度，一个工厂可以完全没有人来操作管理。但是在原理上和瓦特的"离心调速器"是一样的：就是要不断地"修正"自己的"错误"，无论是机械还是电子自动控制，都是这样。

瓦特一生获得了法国科学院院士、英国皇家学会会员等许多荣誉。

77　众人拾柴火焰高

——内燃机

早在 1680 年，荷兰物理学家惠更斯就提出过一种设想，让火药在汽缸内爆炸，利用爆炸时产生的高温燃气在汽缸内冷却后形成的真空，使大气压力推动活塞做功。汽缸一身二任，兼做锅炉，把外燃改为内燃，这是一条重要的思路。可惜火药的燃烧难以持久控制，产生真空的力量又很有限，一直未能成功。

1780 年，英国的斯托列托提出，把松节油与空气一起以雾状喷入汽缸里燃烧爆炸，产生压力，推动活塞运动。这一设计思想并未付诸实用，但申请了专利，这确实是一个革新的思想。

用松节油做燃料并不现实。1860 年，法国的勒努瓦提出用煤气做内燃机的燃料。勒努瓦是个穷工人，他孜孜不倦地研究用煤气和空气混合、用电火花点燃的内燃机，终于试制成功，而且体积小、重量轻，可以称为内燃机的祖先。据说，在不到 5 年的时间，巴黎就使用了 400 台这样的内燃机。煤气内燃机的缺点是效率很低、耗气量大，而且离不开必须连续供应煤气的管道。

1861年，19岁的奥托看到勒努瓦的煤气内燃机，对内燃机产生了极大的兴趣，马上研究，制出样机，并于1863年申请了专利。奥托的煤气内燃机立式单缸，结构比较复杂，振动很大，但效率比勒努瓦的煤气机高3倍，在1867年巴黎展览会上赢得了金牌。

1862年，法国的德·罗夏就内燃机发表了一篇论文：煤气内燃机效率低的原因，是由于对汽缸里的煤气没有进行压缩，并提出四个冲程的内燃机的设想。可是罗夏实际上并没有实现这种内燃机。正在这时候，奥托看到德·罗夏发表的论文，深知这篇论文集中了前人的智慧设想，他又全力以赴地研究这种内燃机。

奥托和他的朋友共同改进了煤气内燃机的点火装置，于1876年完成了四冲程煤气发动机，制成了先进的内燃机。

1878年，在法国巴黎的万国博览会上，奥托展出了这种发动机。由于发动机体积小、重量轻、无噪音、运转效率高，使参观者大吃一惊。在以后的十几年中，奥托共制造了5万台这种内燃机销售到世界各地。

1891年，奥托去世了，终年49岁。奥托没有上过大学，但他是一个实干家，是第一台四冲程内燃机的制造者，他通过内燃机的发明得到了学位。他是一个有志者事竟成的大发明家。

内燃机的发明，解决了蒸汽机作为外燃机动力的许多不便，如笨重、需要锅炉、体积大等，因此后来各种现代化的交通工具，如汽车、轮船、飞机……都采用内燃机作为动力机械。

78 太阳"画家"

——摄影暗箱

2000 年以前，中国学者韩非子在他的书里记载了一个有趣的故事：有一个财主请了一个画匠为他的宅舍画一张画。请来的画匠好吃好喝地在这个财主的家里住了三年，但始终没有作画，财主心里十分不高兴。一天，财主对画匠说："限你三天之内把画画好，不然就不管你饭吃。"

没想到只过去一天，画匠就对财主说："画画好了！"财主高高兴兴地来看画，但是在墙上只挂着一个 8 尺长用漆漆过的一块木板。上面什么画也没有，只有一个小小的洞。

财主大发脾气，认为画匠欺骗了他。画匠不慌不忙地说："请你把这个有孔的木板镶在向阳的窗子上，太阳出来的时候，你就可以在对面的墙上看到一幅彩色的画。"

财主半信半疑，照画匠的话去做。果然，在太阳出来的时候，墙壁上出现了亭台楼阁和来往的车马，好一幅绚丽多彩的图画。但是，画面上的景物是倒立的。

这是怎么回事呢？

原来，对面墙上的图画都是外面的光线通过木板上的那个小孔形成的。这个故事说明中国古代就对光学很有研究。现在，我们称这种现象，叫小孔成像。2300 多年前的墨子就研究过小孔成像，在《墨经》里就有小孔成像的记载。

生活在公元前 4 世纪的古希腊哲学家亚里士多德也研究过这种现象。16 世纪时，意大利的学者达·芬奇利用小孔成像的原理，制作过

东家！我的画画成了

一个能把影像投在墙上的装置，用笔可以把影像描下来。

后来，米兰的物理学家向大家推荐使用凸透镜来代替小孔，这样屏上的图形就亮得多了。通过移动画纸与凸透镜前后的距离，可以得到一个清晰的像。有人还做成了一种手提式的暗箱，和现在的照相机的暗箱差不多。

后来，有人在镜头上又加了一块凹面镜，使图像变成正的，这时已很接近照相机了。

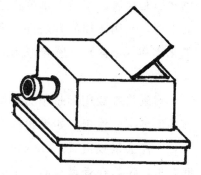

古老的摄影暗箱

但是，这时还不能把光影固定下来，人们开始寻找一种能把光影固定下的办法，这就是感光底片的出现。

79　别让光影跑了

——银板摄影

摄影暗箱发明以后，人们就有一个愿望，就是如何把太阳"画"的画固定下来，别让它跑掉。

草帽戴久了会变黄，人的皮肤在太阳下会变黑，这就是说，许多物质在阳光下会发生变化。只要找到一种对阳光十分敏感的物质就可以把阳光画的画固定下来。

1727 年，法国的科学家考尔兹偶然发现，白垩、银和硝酸的混合物在阳光下能变成深褐色。但是并不知道是三种物质中的哪一种物质对阳光起感应变色的作用，也不清楚究竟是阳光的光引起反应，还是阳光的热引起反应。于是考尔兹将这三种物质分别装在三个小瓶里，放在阳光下照；又用同样的方法将三小瓶物质放在炉火边烘烤，结果确定是银的化合物（银盐）有感光作用。但是他并没有把这一发现与照相技术联系起来。

想到将银盐用于照相的是英国的韦奇伍德。韦奇伍德本是一位陶瓷作坊的老板，他想，如果我能将这里美丽的风景永久地刻印在陶瓷物品上，一定会很吸引人。1802 年，韦奇伍德把银盐涂在瓷盘上放在摄影暗箱里，虽然在瓷盘上形成了影像，但只能在烛光下看，不能见光，因为影像周围未感光的银盐也会在光照下慢慢变黑。韦奇伍德只好用手工的方法把感光后影像周围未感光的银盐一点一点的剔去，不使它们继续感光，以保持影像的清晰。用这种方法他得到了一片树叶的"照片"，与其说是照片不如说是一个浮雕。这种方法太费事，韦奇伍德没能很好地解决感光后把影像固定下来的问题。

世界上第一张照片是一位法国军官尼普斯拍摄成功的。年届50岁的尼普斯退伍后，住在格拉斯山庄颐养天年。美丽的风景使他产生一种强烈的愿望，要把这山山水水变成画。

尼普斯认为韦奇伍德所做的工作对自己很有启示，需要继续做的工作是设法把拍下的影像固定下来。他把住房的顶层改成一间暗室，和哥哥克劳德整天关在黑屋子里摆弄各种化学药品进行研究。他俩发现有一种沥青受阳光照射后会变硬，心想，变硬后的影像就不会再消失了吧。于是将沥青溶在一种薰衣草油中，再把这种溶液涂在准备用来照相的金属片上，然后放进摄影暗箱中曝光照相，经过6～8小时的曝光后，将这金属片取出，用溶剂洗去金属片上没有感光的沥青，果然获得一张类似浮雕，有黑有白的、影像不会消失的照片。

虽说效果不算理想，但它是经过14年的努力才初步获得的定影成功。1827年尼普斯拍下了两张照片，一张是从窗口拍摄的大街，另一张是丹保瓦兹主教的肖像。其中一张至今仍保留在美国得克萨斯大学的一个收藏中心里。

尼普斯的发明如果用来拍摄静物还可以，可是如果照一张人物像，要让任何人在太阳下一动不动地站6～8个小时都太困难了，必须想一个更好的办法。尼普斯后来又试验其他的方法，只须20～30分钟就可以成像了，这个方法和韦奇伍德的类似，感光的化合物碘化银也是一种银盐。尼普斯把这种方法传给好朋友达盖尔。

法国的达盖尔是一家剧场的画家，他和尼普斯有共同的理想，尼普斯逝世后，达盖尔继续研究尼普斯的遗愿。

尼普斯生前已经发现，使用薄片做底板，比使用涂沥青的金属底板，感光的效果更好些。达盖尔在此基础上继续研究。有一次本来打算给底板充分感光照相的，不料突然阴天阳光不足，达盖尔就将没有充分曝光的底板放进了柜子里。三天以后，达盖尔将那张薄片取出来，却发现照片异常清晰。这是怎么回事？

达盖尔分析，这个放薄片底板的柜子里是放化学药品的，那里面肯定有一种药品能使底板感光的效果好，而且留下的影像稳定。经过对柜子里存放的化学药品一一分析检验，弄清楚原来是水银蒸气起的作用，于是他发明了"达盖尔摄影术——银板摄影术"，方法是把感光的涂碘化银的底板先放在暗盒里用水银蒸气熏，底片上逐渐出现了影像，再放在含盐水里浸泡，这样就出现了一张正片，不能用手指摸，要隔绝空气才能保持它的光泽。这年是1839年，距离人们开始对照相术的研制，已经过去了112年。

达盖尔知道这是一件造福人类的伟大工作，一个人的力量绝对不能完成。因此，他希望法国政府能买下这个发明专利，公诸于世，让世界上每一个人都能自由享用。开始法国政府不感兴趣，后来，在一些科学家的努力下，法国政府买下了他的专利，并发给他和他儿子年俸。

达盖尔的摄影技术公布后，在巴黎引起轰动。尽管银板照相要花30分钟的时间，为此摄影师要把被摄影的人绑在椅子上，在头的后面还要用一个铁夹子固定头部，一点不能动，就像受刑一样，但是照相在欧洲仍然很快地风行起来。

照相术在此后又有许多发展和进步。

80　越来越方便

——照相胶片和便携相机

当法国的达盖尔发明银板照相技术的同时，英国的塔尔博特也在苦心研究一种在食盐水浸过的纸上涂上硝酸银溶液的感光板。这种照片实际上是负片,被照物体的白色部分在感光板上表现为黑色,而黑色部分则表现为白色。把照片放在亮处,过一会儿就全部感光,照片都变黑了,所以要定影,使照片未感光的部分即使在阳光下也不再会发生变化。

因此,塔尔博特又进行了各种实验,终于发明了定影液。

从1850年到1860年,有许多发明家发明出各种既透明又比较坚固的玻璃感光板,曝光时间只需几秒就可以。但是,各种玻璃感光板都有一个共同的缺点,那就是,感光剂涂在玻璃上以后,必须在药品未干之前拍照,如果干了以后就不感光了,这就是当时的湿板法摄影。使用湿板法摄影在野外拍照时,除携带照相机以外,还必须带着药瓶、溶化药品的烧瓶和帐篷。到达照相地点时,首先要支起帐篷,弯着腰爬进"帐篷暗房",在玻璃板上涂感光剂,然后再爬出来立即拍照,拍完照后,摄影师又爬进冒着蒸汽的帐篷暗房里,进行玻璃底板的显像。

1870年,英国的马多克斯发明了干板照相,这是一个划时代的发明,从此人们可以用事先做好的玻璃干板来进行摄影了。

美国柯达公司的创始人伊斯曼对照相胶片的出现贡献较大。他发明了我们现在用的透明照相胶片,它就是将当时发明不久的塑料赛璐珞上涂上一层溴化银的照相软片,取代了容易打碎的玻璃感光板。

1888年7月,为了满足广大公众对摄影爱好的需要,伊斯曼又发明了一种配合新胶片使用的"柯达"相机,它体积小、重量轻,一个卷装胶片可以拍100个画面。但是摄影者拍完照之后,要把相机送回到柯达公司,由公司装上新的胶片。

后来,发明了胶片轴,摄影者在白天也能把胶片装进相机,不用再去柯达公司了。

随着新胶片的改进,相机也进一步小型化了。1895年,袖珍盒式相机进入了市场。紧接着又出现了皮腔式相机,可以折叠,便于携带,使得那些没有学过摄影的人,都能享受到拍照的乐趣。

照相技术发展很快，目前正酝酿着向数字化发展的照相技术革命。数字相机里面不再装有胶片，而是磁盘或光盘，画面用数字的方式被记录在上面。一张光盘可以记录数百张照片，在计算机上直接显示，并能打印成任何尺寸的相片。

81 "欺骗"人的眼睛

——电影

如果我告诉你，电影的原理其实是"欺骗"人的眼睛，你会觉得惊奇吗？

电影的胶片是一些不动的画面，放映的时候，眼睛看上去却是一连串活动的图像，这是利用了人的视觉暂留现象的发明。人类的眼睛在光线消失后，可以把影像保留0.05秒到0.1秒，这就是视觉暂留现象。

视觉暂留现象是法国的达赛在1765年首先发现的。他以每秒8周的速度旋转一支火炬，人眼睛看到的却是一个光环，达赛用这个来说明视觉暂留现象。

1830年，英国人霍纳发明了一种玩具。在长长的横幅纸上画上很多幅人物或动物的动作，每幅画的动作稍有不同。再将横幅贴在直径约30厘米的圆筒内侧下端，在圆筒的下端有一个和画面间隔相同的窗口。旋转圆筒时，从窗口向里看，画面中的人或动物好像在活动。这个玩具很受欢迎。

1872年，英国摄影师麦布里奇首先发明了电影摄影的原理。麦布里奇特别喜欢赛马，几乎到了着迷的地步，他拍摄了许多精彩的赛马照片，用照片来研究马的奔跑姿态。他总在想，马在全速奔跑的时候是否四脚同时离地。为此他拍了许多照片，但是怎么也拍不到一张四脚离地的照片。他和朋友一起想了个办法，就是沿着跑马场的跑道把24台照相机一字排开，每台照相机的快门分别用一根细线控制，24根细线横过跑道拴在跑道的另一边，当马沿着跑道疾驰的时候会把细线一根根的踢断，自动打开快门拍下照片，这样麦布里奇得到了24张连续的照片。后来他把这24张照片在幻灯机上连续放映，便看到马在全速奔跑时四脚离地的场面。这就是最初的电影摄影。真正的电影不是这样拍摄的。大发明家爱迪生发明了电影摄影机，他使用一种特制的长15米的软胶片，在每张胶片的两边开了4个孔，这样摄影机可以控制胶片每秒拍摄48帧画面，在1893年的世界博览会上，爱迪生介绍了这种电影摄影机。现在，我们买的胶卷还都有这样的开孔。

1893年，爱迪生还发明了一种配套的放映机，用眼睛对准窗口可以看见活动的画面，不过这种"电影"只能一个人一个人地看。在世界博览会上，这个放映机大受欢迎，投入一次硬币可以看30秒，排队的人很多。虽然爱迪生对这个装置很不满意，但是他没有精力来改善它。

1895年，法国的卢米埃尔兄弟发明了现在的电影放映机。电影放映机最主要的有两件事：一个是要求胶片能准确地到达同一位置；另外，电灯要和胶片的运动同步亮暗，胶片到的时候灯亮，过片的时候，电灯立即熄灭，不然，画面就会乱。这是一架真正的电影放映机，画面可以连续地放映，不再时断时续。

1895年，卢米埃尔兄弟在巴黎举行首次电影放映时，观众被直奔他们而来的火车吓坏了。不过，这时的电影没有声音，被人们称为伟大的"哑巴"。

1906年，法国的罗斯特把声音的振动变成强弱不同的光直接录在胶片的边上，放映的时候，再把强弱不同的光复原成声音。这种方法使"哑巴"电影开始说话，一直到现在还是这样。

电影的种类不断地增加。宽银幕立体声的电影使观众仿佛置身于真实的世界。新型的电影可以发出鲜花或食物的香味，观众的座椅随着银

幕上的情节振动，就好像身临其境一样。还有一种互动电影，观众可以通过座椅上的控制杆干预银幕上的故事情节，过一把导演的瘾，让演员按自己的意愿行事。

82 抽搐的蛙腿

——伏打电池

1786 年的一天，意大利波洛尼亚大学解剖学教授伽伐尼指导学生解剖青蛙。有一位调皮的学生没有认真地做实验，反倒对旁边的起电机发生了兴趣，他趁教授不注意的时候摇起了起电机，突然啪地一声，起电机和盛蛙腿的铜盘之间打出一个火花，把这个学生吓了一跳，伽伐尼和同学们都转过身来看。此时一个奇怪的现象引起了大家的注意——摆在金属盘里的蛙腿随着电击抽动了一下，伽伐尼的眼睛瞪大了，他顾不上批评这位淘气的学生，却让他重新摇动起电机，啪地一声，铜盘上又打出一个火花，蛙腿随着电击又抽动了一下，莫非那蛙腿又活了？学生们你看我，我看你，议论纷纷。

伽伐尼走过来，用解剖刀的刀尖翻动一下蛙腿，打算探个究竟，此时蛙腿忽然又跳动了一下，这可又使伽伐尼大吃一惊，他用颤抖的手又触动一下蛙腿，果然又引起蛙腿肌肉的抽搐。

实验课再也不能正常地进行下去了，同学们都回到自己的桌子上，用解剖刀去触动蛙腿，希望能看到同样的现象。不过有的学生能使蛙腿抽动，有的则不能，教室里像开了锅一样。同学们在实验室里跑来跑去，伽伐尼也顾不上去管学生，只是满肚疑惑地用解剖刀去触动蛙腿，直到下课铃声响起。

伽伐尼认为，这是由动物躯体内部所产生的一种电，他把这种电称为"动物电"，并且将实验结果写成论文公布于学术界。

接着对蛙腿进行认真研究的是伽伐尼的同胞伏打。伏打是意大利的物理学家，他重复伽伐尼的实验时注意到，只用一种金属或不用金属戳蛙腿时，蛙腿是不抽动的，只有两种金属同时戳时，蛙腿才会抽动。这个现象引起伏打的深思，他觉得似乎真理就在这里面。

伏打用两种金属制作了一根弯棒，一头是铜，一头是铁，中间连在一起。他把一头放在嘴里，另一头靠在眼睛上，当金属棒与眼睛接触的一瞬间，眼睛会看到一闪的亮光。如果是同一种金属做成的棒，就不会有这种现象。还有一次，他用一根导线把金币和银币接通，用舌尖舔一下金币或银币，舌尖就会感到苦味。伏打认为这些现象都是电造成的，而不是生物特有的。但是，电是从哪里来的呢？

伏打想，电可能是从两种金属加唾液来的。唾液是一种复杂的化学

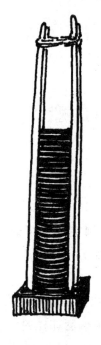

伏打电堆

物质，是不是两种金属在接触到唾液时就会产生电呢？

伏打设计了一个实验，他在两种金属片之间夹上一层饱含盐水的布片，电压立即加强了许多倍，而且能输出稳定的电流。

"成功了!"伏打高兴极了，是化学反应! 化学反应产生了电，他明白了蛙腿抽动的真正原因：蛙腿中含有水和盐类，钢制的解剖刀和铜盘是两种金属，当两种金属中间有盐类物质相接触的时候就会产生电。

1800 年，伏打用了大量的铜片和镀锌的铁片交替放置，中间再用一层层在盐溶液里泡过的布片隔开，制成了伏打电堆，这就是现代电池的雏型。

1881 年，为了纪念伏打发明了电池，国际电力学代表大会上决定把电压的单位命名为"伏特"。

电池后来又有许多科学家做了改进。1887 年，英国人赫尔森发明了第一块干电池，使电池便于携带，干电池中的电解液是一种黏稠状的盐类物质，所以液体不会溢出。

83　水银湖上航行的船

——第一台电动机

1821 年圣诞节的早晨，英国化学家和物理学家法拉第一大早就起来了，很神秘地对妻子萨拉说："今天是圣诞节，我送你一件珍贵的礼物。"萨拉像孩子一样非常高兴。

萨拉静静地坐在橡木实验桌旁，望着法拉第摆弄那些古怪的仪器，看得那样入神。法拉第从仪器柜里拿出一个玻璃酒杯样的仪器，从杯底下伸出一根铜线。在杯子里有一个磁铁棒，磁铁棒的一端用一根细线系在杯底伸出的铜线上。这个奇怪的"酒杯"是法拉第花费了一个多月的时间设计制作的。

把仪器放好以后，法拉第从柜子里拿出一个褐色的瓶子，这瓶里装的可不是酒而是能导电的水银。他慢慢地把水银注入到酒杯里，随着水银面的升高，磁棒微微倾斜地飘浮起来。法拉第又在一个支架上吊下一根铜线，铜线的端点和水银面的中央接触上，然后把从铜线上引出的电线和从杯底引出的电线接到伏打电堆上。

一切准备就绪了，法拉第神秘地对萨拉说："我的圣诞礼物是送你一艘能在水银湖上航行的电船，不久的将来它就会远航在大海的怒涛之中。"

法拉第接通电源后，在水银上方的导线产生了磁场，磁棒在电流磁场的作用下，晃动了两下就绕着那根垂直的电线转起来，转了20多圈

磁棒在水银杯里转起来了

就停下来了。

显然，这足以使法拉第和萨拉欢欣鼓舞。他们拥抱在一起，庆祝人类第一艘利用电磁力驱动的船"下水"成功。

法拉第献给萨拉的这个小礼物是人类历史上的第一台电动机，当然，这并不是实用的电动机。

自从发明了电磁铁以后，就有人想到利用电磁铁产生的磁力，通过磁铁间相互吸引和相互排斥的作用，形成一个可以转动的力矩，成为电动力。

1834 年，俄国的技师雅可必制成第一台实用的电动机。他把电动机装在一艘摩托艇上，于 1838 年在易北河进行试航。电力是由 320 个丹尼尔电池供应的，艇上坐着 12 位乘客，然而它的时速只能达到 2.2 千米。显然这种电动机还不能走向实用，然而它展示了电可以作为一种动力的光辉前景，而且预示着它将代替当时很有威力的蒸汽机。

真正的可以实用的电动机的出现，说来带有戏剧性。那是 1873 年，在维也纳举行的世界博览会上，一件偶然的事情发明了更好的电动机：会上展出一台古拉姆发明的发电机，发电机本来是发电的，但工作人员却把别的发电机发出的电流通到古拉姆的发电机上。奇怪的事情发生了，这台发电机竟自己转动起来，在场的人都目瞪口呆。后来人们明白了，当电流流向发电机的时候，发电机就变成了电动机。这使电动机向实用化又迈进了一大步。

这一偶然的疏忽竟解决了许多发明家都在寻求发明电动机的难题。当时就有工程师设计了一个小型的人工瀑布，驱动水力发电机发电，并且利用这电力去驱动电动机，电动机的转动又带动一个小水泵来喷射泉水。

人们通过这种表演，看到了电力可作为实用动力的前景，电动机大大畅销，电动机的用途也大大拓展了。

现在的电动机，大的犹如一座小屋，小的则如同一根发丝，不仅在工业上，在各个方面都成了不可缺少的动力来源。

84 给黑暗带来光明

——白炽电灯

1800 年，伏打发明了伏打电池，这就提供了一种稳定的、有实用价值的电源。1801 年，俄国彼德罗夫便以此为电源研制成电弧光灯。弧光灯是两个电极放电发出的刺眼光芒，现代的探照灯仍然使用弧光灯。但因使用不便、耗电大、成本高等缺点不适合家庭使用，所以人们在对其改进的同时研制了白炽电灯。

白炽电灯的发光原理很简单，电流通过电阻很大的灯丝时，灯丝白热化，发出亮光。但是，要找到既能发出亮光又不会被电源熔断的材料做灯丝，却不是容易的事。

白炽灯最初以铂为灯丝。铂就是白金，价格贵、熔点低（熔点1772℃），更加致命的弱点是电阻小，为了使电灯丝达到白热，足够亮，就要把灯丝做得很长，这又很困难，所以一直无实用价值。

于是，人们对灯丝材料的研究转向价廉、易得、熔点高的碳（无定形碳熔点为 3652℃）。比利时的若巴尔提出过把碳块置于真空环境里，使其因通电而发光的设想。1845 年，美国的金古和斯塔发明了制造白炽灯的新方法：一种是将铂丝密封在真空的玻璃瓶中；一种是把炭棒密封在真空的玻璃瓶中，这两种发明都获得了英国专利。1854 年，移居美国的德国人海因里希·格贝尔把碳化的竹子纤维置于长玻璃管内并抽空管内的气体，制成碳丝白炽灯，但终因当时无大功率的发电机且灯丝的寿命短而未能推广。

1878 年，著名的发明家爱迪生也开始在寻找一种能被电流炽热而

不会烧断的金属。爱迪生花了5万美元和整整一年的时间，才发现铂丝和铱丝不能做成灯泡里的灯丝，因为不到8分钟它们就熔断了。

不过爱迪生并不因此而后悔，他曾经说过，"人生最大的快乐，一是发明，二还是发明。"

1879年9月2日，英国的科学家斯旺展出了在真空玻璃泡里装有碳丝的灯泡。斯旺的碳丝是把棉线捻起来放在硫酸里碳化而成的。斯旺的成功使爱迪生彻底放弃了对铂和铱的试验，转向寻找制作碳丝的纤维。各种植物的纤维、绵线，甚至人的胡子都能碳化成为很细的碳丝。

谁能找到最好的碳丝，谁就握住了通往光明之路的入门券。于是在几个发明家之间展开了一场你追我赶激动人心的竞赛，还有对专利权的争夺。

爱迪生经过数次失败后，终于用克拉克棉线造出了一根碳丝，将制出的碳丝装入了灯泡，抽去了灯泡中的气体，将它封好，通入了电流。1879年10月21日，灯泡点亮了45个小时，虽然这离实用有距离，但人们仍将这一天定为白炽灯的诞生日。

植物碳化纤维灯丝易折断，且寿命很短。于是人们再次将灯丝材料转向高熔点金属，最终落到熔点为2700℃的锇、996℃的钽、3410℃的钨上。

1887年，奥地利韦尔斯巴赫首先设计出锇丝白炽灯，并于1898年成批生产。钽丝白炽灯于1905年问世。

1909年～1910年，爱迪生原来的同事库利奇在纽约州斯内克塔美国通用电力公司成功地将钨抽成细丝，并卷成单螺旋状制成白炽灯，大大提高了灯的发光强度和效率，寿命也大为增加，并于1913年12月30日取得专利权。我们现在使用的普通白炽灯，用的就是钨丝。

此后，新型的电灯不断出现，使我们的夜晚更加明亮、美丽。

85 有最多专利的发明

——电灯的推广

　　1879 年，爱迪生发明的电灯引起了一场轰动，但是轰动效应很快地消失了，因为，真要把电灯安在一家一户还有许多困难。

　　因为安装电灯不只是要有电灯泡，还需要发电厂、电线杆、绝缘材料、插座、开关、保险丝等。这些东西如果是在现在，在任何一个电器商店中都能买到，但是，在当时却都需要自己发明创造。

　　一天，爱迪生正在忙着，一个工人跑来见爱迪生，气喘着说发生了恐怖的事情，一匹马在路面上乱蹦乱跳。

　　爱迪生立刻赶到现场，大吃一惊，原来真有其事。马匹正在那儿跳跳蹦蹦，先举这条腿，又举那条腿，仿佛在跳古怪的舞。爱迪生立即查出毛病所在，是地面下的电线漏电了，电流传到地面，马匹由于前腿和后腿距离比人的两腿间距离大，所以对电的感受更灵敏。马感到电击，跳起来想逃避，但是总要有两条腿接触地面，所以总逃不脱电的电击，这就是马跳舞的原因。爱迪生立即切断电源，指挥工人修好了漏电的地方。

　　你看，为了解决电缆漏电的问题，就需要找到一种最好的绝缘材料。为此，爱迪生先让雇员查遍了所有关于绝缘材料的文献，分析对比之后，选出一些材料进行试验。在门罗公园实验室内，盛放着各种绝缘材料的大壶排成长长的一排，里面煮着棉布条，将浸泡过各种绝缘材料的棉布条分别缠在电线上，再将已缠好的电线卷起来，泡入盐水桶，进行绝缘试验。最后终于确定了在氧化亚麻油中掺入石蜡和少许蜂蜡，再

放入煮沸的沥青中，用这种胶液作为电线的绝缘材料，效果最好。

爱迪生就是这样兢兢业业地工作。每需要一种新的器具，爱迪生就要发明一种，每发明一种，就申请一种专利。有一回，专利局一次批准了爱迪生的 31 项专利。专利局局长说，这是在同一时期发给同一个人最多的专利。

爱迪生开设了许多工厂，一个工厂造发电机，另一个工厂造电线，还有的工厂造各种架设电线的器具、开关等等，爱迪生奔波于每个工厂。当时，有人形容他像一个杂技演员，把十几个彩球不断轮流地抛向空中。

直到 1882 年，爱迪生才定下来供电的日子，那天是 9 月 4 日星期一。爱迪生和爱迪生电灯公司的董事们在华尔街 23 号摩根的办公楼集合。摩根是爱迪生电力工程的主要支持人，他的办公楼里将有 400 只电灯照明。在这种场合下，爱迪生换下了平时穿的皱巴巴的工作服，换了一身崭新的礼服、白衬衫、领带、高顶圆边帽。在试行供电即将开始时，他掏出了刚刚对准了的表，等待这有意义的时刻。这时一位董事打趣地说："如果能按时发电，我出 100 元。"

"这 100 元，我是赢定了！"爱迪生笑着回答。

爱迪生回答得这样充满信心，因为他已经亲自检查了发电机、电缆线和每一家的电灯。当时的电灯是一盏接一盏串联在一起的，只要有一户发生故障，全部电灯都会熄灭。这就要求线路的任何一个地方都不能出毛病，一旦出了毛病，爱迪生就会身败名裂，遭人耻笑，何况，那些原来给煤气灯供应煤气的煤气公司的董事们正在等着看笑话呢！

功夫不负苦心人。在这天下午 3 点，总开关一合，1 万多盏电灯一齐亮了起来，光华耀眼。

产品的推广与应用，和科学研究工作一样重要，不分贵贱高低，只有发明没有推广，发明再好也是没有用的。

86 爱迪生的失算

——交流电

爱迪生是一位伟大的发明家，深深地受到人们的尊重，但他也有过一些失误。

电灯发明后，纽约要求安装电灯的人越来越多，但是有一个问题使爱迪生很为难。由于输电的距离太长，线路末端的电压不足，电灯只能发出黄晕的光，甚至不如煤气灯亮。

如果提高输电电压，靠近发电机的电灯电压就会非常高，那样，里面的灯丝不久便被烧毁，而远处的电灯仍然很暗。为了解决这个难题，爱迪生只得多建几个发电站，大约每方圆3千米就会有一个冒着浓烟、隆隆作响的发电机在昼夜工作，附近的居民常常抱怨发电机发出的噪音、震动和烟尘。

正当爱迪生在纽约市到处购买了地产大量建设发电厂的时候，发明空气制动器的威斯汀豪斯也在思考用什么更好的办法输电，恰好这时候他得知，法国的化学家和物理学家哥拉尔在1882年发明了变压器。

变压器可以提高或降低电压。输出的时候可以提高电压，到了用户的地方，再把电压降下来，问题就可以解决了。威斯汀豪斯立即购买了哥拉尔变压器的专利。

但是，当威斯汀豪斯买到了专利后，却发现变压器毛病百出，只好又组织专门的班子进行改进。威斯汀豪斯得知在爱迪生的研究所里曾有一位叫特斯拉的年轻人，对交流电动机很有研究，就专程到纽约去拜访。特斯拉出生于克罗地亚，在匈牙利格拉茨大学学习工程学，后来移居美国。特斯拉是一个脾气有些古怪的人，因为与爱迪生的合作发生过一些不愉快的事情，特斯拉终止了与爱迪生的合作。威斯汀豪斯用 100 万美元的代价买下了特斯拉的 40 多件专利，借助他的新技术发展交流电动机。1885 年，威斯汀豪斯正式成立了威斯汀豪斯电气公司，第二年春天就实现了用 3 千伏高压输电 6.4 千米的输电网。

新成果立即引起了大家的重视，威斯汀豪斯公司的生意日益红火。爱迪生则对这悄悄兴起的对手大为光火，因为抢占了他的生意。爱迪生使用的是直流电，而威斯汀豪斯是使用交流电供电。为了保护自己的利益，爱迪生掀起了一场诋毁交流电的宣传战。他花了数千美元组织了新闻、杂志和广告画，还在大街上故意用交流电电死一只狗，用来说明交流电比直流电危险。他还买通了纽约的法庭使用交流电电椅来执行犯人的死刑，说明交流电对人更危险。一时间，人们视交流电为杀手，没有人敢使用威斯汀豪斯公司的电，这对威斯汀豪斯公司是一个严重的打击。

威斯汀豪斯盼望着一个能说明真相、消除人们误解的机会。不久，有一个国际组织在芝加哥举办纪念哥伦布发现美洲 400 周年的国际博览会。作为博览会的装饰之一，要点燃 25 万只电灯，威斯汀豪斯不惜血本以极低的竞争价格承担了这项工程。1893 年 5 月 1 日，博览会开幕了。刹那间，25 万只电灯同时点亮，灿烂的灯光在夜幕下耀眼夺目，蔚为壮观，人们在观赏的同时，也领略了交流电供电的优越性。博览会上，尼亚加拉大瀑布建筑公司的经理宣布建造一座水力发电站，供电线路的工程由威斯汀豪斯公司来承担。交流电高压供电取代直流电，势不可挡。

爱迪生通用电气公司因用直流电供电，在商业竞争中遭到惨败，公司不得不责令顽固的爱迪生退出公司，并去掉公司名字中的"爱迪生"，改名为通用电气公司；又向威斯汀豪斯公司提出和解，两公司修好，共同使用交流高压供电的技术成果，而爱迪生则从此不能经营发电事业了。

87　电流传递声音

——电话

　　美国发明家贝尔 26 岁时，担任波士顿大学发声生理学教授。他爱上了一个聋女学生，很想让她能像正常人那样说话。所以，贝尔日夜思考这个问题。人的声音是靠声带的振动，能不能用橡皮膜来代替声带呢？于是贝尔制作了一个橡胶喉咙，用空气使它发声，但是没有成功。

　　当时，莫尔斯的电报风靡世界，贝尔也对电报着了迷。他在自己住房的顶层设立了一个实验室，同好朋友沃森一起摆弄电报机。电报接受机上有一块电磁铁，当来电报的时候，电磁铁吸引衔铁发出滴滴嗒嗒的声音。

　　有一天，沃森正在一个房间里摆弄电报机，电报机似乎出了什么毛病。他用手拨动了一下金属片，金属片像音叉一样发出了"嗡"的一声。在隔壁负责接收电报的贝尔，忽然听到从电报机里发出了"嗡"的一声，他立即跑过来问沃森是怎么回事。沃森向他解释，刚才只不过是拨动了一下金属片，贝尔要他再拨一下，自己又回到隔壁，果然又听到嗡的一声，于是两个人把这项试验做了又做。

　　贝尔做了这个试验后，激动极了，因为他突然发现声音可以不通过空气而通过另外一种方式传递。贝尔想，如果能设法把声音的振动变成电流的振动，声音就可以沿着电线传递到另一处，由此可能发明一种崭新的通话工具。贝尔把一块极薄的金属片放在一块电磁铁的旁边，并对着金属片说话，希望通过金属片把声音的振动变成电流的振动。但是，贝尔和沃森做过许多次试验都没有成功。

1875年6月2日这一天，贝尔正集中精力研究电话机，不小心碰翻了蓄电池，蓄电池中的酸液泼到他的裤子上。贝尔大声喊道："沃森，请到这里来，我需要你！"此时沃森在另一层楼的房间里，本来是听不到贝尔呼喊的，但是沃森房间里装着一部试验用电话机，沃森从电话机的接收器中听到了贝尔的声音。

这是有史以来第一次由电话线传过来的声音，满心激动的沃森冲进贝尔的房间来帮忙，同时告诉贝尔这个好消息。

贝尔顾不上腿上的疼痛，两个人开始用电话互相通话，最后他们确信声音确实可以通过电流传递了。

这次成功的原因是贝尔偶然调节了压紧金属片的螺丝，多拧紧了1/4圈，恰好使金属片和电磁铁处于一个最佳的距离。声音经过金属片的振动和电磁铁的感应变成了电流的振动。电流沿着电话线传到接受器，再通过电磁铁使接受器的金属片振动，又还原成声音。

贝尔向美国专利局申请了电话专利权。两个小时后，美国的另一个发明家格雷也来到专利局申请电话专利权，他的原理和贝尔略有不同，他的送话器是通过液体电阻的变化把声音变成电流的，而受话器的原理和贝尔是一样的。

据说，还有一些人申请了电话专利。结果，电话专利权归属成为引起争执最多的一场纠纷。最后经过长期诉讼，贝尔才取得胜利。1876年，美国专利局批准了贝尔的电话专利。

88　不再感到遥远

——电话的发展

1876 年，贝尔取得电话专利之后，他和沃森为了推广电话，经常在大街上进行表演，并在波士顿和纽约相距 300 千米的两地进行长途电话的通讯试验。不久，贝尔成立了电话公司，就是现在闻名遐迩的贝尔电话公司，贝尔电话用户迅速增多。

同年，美国的发明家爱迪生发明了一种炭粒式的新话筒，采用新话筒的美国电话公司和贝尔电话公司展开了激烈的商业竞争，这种既有矛盾又有合作的竞争促进了电话事业的迅速发展。

电话用户多了，就有一个接线的问题。如果只有 2 个用户，1 条线就够了，如果有 3 户就要用 3 条线，5 户要用 10 条线，10 户要用 45 条线……所以这种接线是十分不经济的，而且随着用户的增多，这种接线方式是根本做不到的。

于是很快就出现了人工电话交换机。每一个电话用户都和交换机连接，由接线生接通需要通话的用户，使电话成本大大降低。这和现在我们大单位里由总机转接分机差不多。

当时有一家殡仪馆的老板史瑞乔也装上了电话，死者家属可通过电话预约服务。史瑞乔的隔壁还有一家殡仪馆，也装了电话，但是史瑞乔发现，他家殡仪馆的生意总没有隔壁那家殡仪馆的生意好。后来才发现，原来那家殡仪馆老板的妻子是电话局的接线生，每当有电话要求殡葬服务时，她就立即接通自己家的殡仪馆。于是，史瑞乔决心自己研究一种自动的电话交换机，不用接线生转接。

1891 年，史瑞乔果真发明了自动电话交换机，他申请了专利，但是在当时并没有受到重视，直到 20 世纪 20 年代才逐渐地应用起来。

随着科学技术的发展，计算机技术的应用，出现了程控电话交换机，电话功能越来越多。尤其是移动电话手机的出现和迅速发展，更是日新月异，不仅一机在手，全球漫游，而且可视手机将很快面世，通话时，可以看到遥远的朋友。到那时，小小移动电话会使我们备感温馨。

89　信息高速公路的主角

——激光光纤通信

假如你独自一人去爬山，到了山顶，正高兴的时候，突然扭伤了脚，走不动，你想喊人来救你，但是山下的人根本听不见你的喊声，也没有人会注意到遥远的山顶上有一个人。

这时怎么办呢？

你突然想起，钱包里有一面小镜子，于是迎着太阳，把阳光反射到山下一个人的脸上，闪光引起他的注意，他发现你了，你得救了。

这是一种最古老的通信方法——光通信。早在公元前 700 多年，中国北方就建筑了许多烽火台。当发现外敌侵入的时候，点起烽火发出报警信号，于是一个接一个遥遥相望的烽火台相继点起火来，警报一直送到京城。这是人类最早的光通信。但是光通信的思想并没有老朽。

1870 年，英国物理学家丁达尔，在英国皇家学会的演讲厅里表演了一个实验，人们惊讶地看到发光的水流从水箱流出来，水流弯曲，光线也跟着弯曲，光线就像陷在水流里，顺着水流传播。这个实验给人们启示：如果能给光建立一个通道，让光线沿着通道前进，现代化的光通

光线可以沿着弯曲的通道前进

信就是可能的。

20世纪30年代，希腊的一位玻璃工人发现，光能毫不散射地从玻璃棒的这一头传到那一头，显示出光是可以在某一种固体物质中，几乎毫无损耗地传播。当然，直接利用玻璃棒作为传播信息的载体，那是不切实际的。

1966年，英国科学家高锟博士提出，采用纯石英制成光导纤维，可降低光波的衰减，当光波的衰减量减到每千米20分贝时，就可利用光导纤维作为通信的载体。

高锟1933年出生在上海，1965年在伦敦大学获博士学位，是一位英籍华裔科学家。他于1966年提出的这个原理，表明利用光导纤维作为远距离通信的载体是可行的，这对现代光通信的发展产生极大影响，高锟被世界公认是光纤通信的发明者。1975年5月，瑞典国王亲自给他颁发了伊力巨通信奖。

1970年8月，美国康宁公司马勒博士及其助手首次研制成功每千米通信声音衰减为20分贝的石英光纤玻璃，打下了实现光纤通信的物质基础；到1975年，美国亚特兰大实验系统光纤通信试验成功，后来又发明了用激光作为光纤通信的光源。

从此光纤通信在世界上许多国家推广应用，一根直径约13毫米的光缆，可以通过4600多路双路电话，用20根光导纤维组成的如铅笔粗的光缆，原则上可以传递几亿路电话，目前在技术上已实现了每天可以传递7万人次电话。相比之下，由1800根铜线组成的通信电缆，只能传递900人次的电话。因此，用玻璃光导纤维可以节约大量的铜金属，1千克制造光导纤维的玻璃可以代替几十吨甚至上百吨铜。

激光光纤通信将成为信息高速公路的主干，在这条"高速公路"上跑的信息有电话、电脑数据、电视图像、传真以及各种信号，此时你可以坐在家里和世界各地联系。你可以在世界的任何一所大学就学，可以管理远在天边的工厂，可以购物和划拨你的银行账户，还可以选看你喜欢的文娱节目……

90 不会消失的声音

——录音磁带

1888 年，在爱迪生发明唱片后的 10 年，美国的史密斯提出一种新的记录声音的方法——磁化的方法。我们知道，一根钢针在磁铁上磨一磨就会产生磁性，能不能利用这种方法来记录声音呢？

史密斯想，先把声音信号变成强弱不同的电流，脉动的电流通过一块电磁铁产生强弱不同的磁场，然后把从它旁边通过的钢丝磁化，记录下声音，在重放的时候，过程反向进行，再还原成声音。

史密斯提出了这种电磁录音设想的原理，不过他没有进行试制。

过了 10 年，丹麦的工程师蒲耳生根据这个原理进行了试验。他让麦克风产生的电流通过一块电磁铁，再用一根钢琴弦以每秒 2.1 米的速度从电磁铁的旁边通过，钢丝上果然记录下了声音。尽管重放的声音不大，但是可以听清楚。

1900 年，在巴黎的博览会上，展出了蒲耳生发明的第一台磁性录音机。当时唱片机盛行，人们对新的录音机没有很大的兴趣，后来一些搞有声电影和电话录音的人对此发生了兴趣。1903 年，美国留声机公司开始把这种录音机作为商品出售，但是这种录音机的体积大，声音小，不适于家庭使用，未能打开市场。20年内录音机没有发展。

1920年，有声电影在世界广泛开展。1907年，发明了三极管。三极管的发明，推动了无线电的发展，广播电台成立，人们对录音机开始重视，又有人发明了抹音头和磁偏压的方法，使录音的钢丝可以反复使用，而且录音机的声音质量有很大的提高。

1930年，德国的弗劳伊玛提出一个新的设想，他认为何必一定要采用又重又硬的钢丝录音呢，采用纸带或塑料带，在它们的表面涂上一层铁粉，不是同样可以产生磁性，达到磁性录音的目的吗！弗劳伊玛将这个想法进行试验，果然达到了同样的效果，而且因为不使用钢丝录音，使录音带的重量大大减轻了，装置也方便多了。于是磁带录音取代钢丝录音。1931年，英国广播公司购买了第一台磁带录音机，一年后就开始用磁带录音机进行广播。

早期录音磁带是卷在一个大盘上的，体积很大。1963年，荷兰菲利浦公司首先推出现在使用的盒式磁带，立即就被全世界接受，并成为通用的标准化磁带。

91 亿万人的宠物

——电视

奥运会开幕的时候，亿万观众注视着同一只熊熊燃烧的火炬，注视着同一个激动人心的竞赛场面。地球被五环旗统一起来，这是电视的功劳。

看电视的时候，你也许会想，一幅幅完整的画面怎么能通过一根细细的导线传过来呢？

这是发明电视的一个关键性构思。

想一想，假如我让你把一张很大的图画从一个极细的管子传出去，你应该怎样做呢？

其实方法很简单，就是把图画纸切成极小的块，依次顺着管子送过去，到了那头再依次拼接起来，不就又是一张完整的画面了吗！这就像把一个队伍方阵变成一路纵队通过一个狭谷，到了开阔的地方再按原来的次序排成方阵一样。

问题是怎样才能把一幅图像变成一个一个极小的像素呢？

其实在无线电收音机的应用以前，就有人想出了一种方法。1843年11月27日，33岁的英国青年电气工程师亚历山大·佩恩，向英国专利部门郑重递交一份专利申请。专利的名称是"电信号远距离复写方法"。他的基本设想是：先将一个画面用绝缘墨水印制在导电的锡纸上，在锡纸上通以电流，用一支由摆锤驱动的扫描笔对画面进行扫描，一行接一行缓慢下移。由于锡纸导电，扫描笔和锡纸接触时有电流通过，在经过绝缘墨水时，则电流中断。这样就把一幅图画变成了时通时断的电流（如同把一张画撕成碎块），通过电线与远处的另一只摆锤相连，驱动一支扫描笔同步地在一张涂有化学物质的特殊纸上一行接一行地画线。这种特殊的纸对电流有反应，电流传送的间断，就形成明暗不同的线条，拼成了原来的画面（相当于把碎的画面再拼合起来）。这项专利在理论上是可行的，第一个摆是把画面分割，第二个摆是把画面拼合显示出来。但因为当时技术条件的限制，复制出的画面效果不理想。虽然佩恩的实验失败了，但他的设想却对后来的电视与传真电报机的发明提供了重要的参考思路。

为了将这一构思变成现实，许多位科学家奋力研究了许多年。

继佩恩之后，1862年意大利物理学家乔万尼·加塞利对佩恩的实验进行了改进。他分析了失败的原因，是由于复制时没能确保按原样把画面拼合起来。于是他在设计上添装了一个同步仪器，让进行扫描和加以重合的两个摆的动作步调完全一致，果然获得清晰的复制出的画面，加塞利实现了佩恩的理想，但这还不是电视。

1873 年，英国传真电报工程师斯梅和史密斯发现了金属硒能将光的强弱转换成电流的强弱，于是发明了光电池。当光照射在光电池上时，就会产生电流，光线强电流大，光线弱电流小。这种方法比佩恩的摆好多了，人们看到了发明电视的曙光。

到了 1884 年，波兰籍大学生保罗·尼普科夫想出了一个新办法能将图像转换成断断续续的电流。他在一个圆盘上沿螺线钻一串小孔，将其置于画面前旋转。小孔很小，透过孔眼只能看到画面上的一点，如果画面上的那块是浅色的，通过小孔看到的是亮点，深色的就是暗点。圆盘旋转时，画面上每一点依次通过小孔。用一个光电池对准小孔，光电池便将这明暗的变化转换成电流的强弱，形成脉动电流传送出去。该装置后来被称为"尼普科夫盘"，再将接受到的电流转化成图像，就是电视。

由于当时的光电池效率不高，产生的电流极微弱，又没有发明能放大变化电流的电子管，所以效果不好，得到的画面十分黯淡。16 年后，德国的埃尔斯特和盖特尔两位博士发明了灵敏度大大超过光电池性能的光电管，将电视传送技术又向前推进了一步。

把画面切割成"小块"的技术有了，下面的问题是如何将电的变化显示成可见的图像。这一难关是由德国斯特权斯大学的布劳恩教授在1897 年时攻克的。他发明了一种特殊的真空管，用电子束射到涂有荧光粉的真空管面屏上，强弱不同的电子束将激发出对应的荧光，从而显示出图像，这就是现在的电子显像管。

电子显像管的发明才使电视有可能做进一步的发展。1925 年，英国 37 岁的工程师J. L. 贝尔德利用尼普科夫的原理加上电子管放大器，制作出了一套机械的电视传送、接收装置。

贝尔德 1888 年出生于英国苏格兰格拉斯哥的一位传教士的家庭里，原来是从事电机工作的，后因为患病辞职，在家里进行电视的研究。贝尔德的工作条件很差，在一间既是卧室又是工作间的小屋里，制作了第一台电视机。电视的试验装置都是因陋就简利用废物制成的：用装茶叶的箱子做电视机的箱子，饼干筒做透射灯的屏蔽盒，扫描的尼普科夫圆盘是纸板做的，透镜是4便士买来的。他把钻了许多洞的圆盘安装在一根毛衣针上，准备播出的画面放在圆盘的后面，圆盘的前面有光电管，把透过小孔的光变成强弱不同的电流，再将强度不同的电流发送到1米外的接收机上。为了验证其效果，他请住在楼下的邻居威廉·戴恩顿公务员作为拍摄对象，结果在另一间屋子里的电视接收装置上魔术般地出现了威廉·戴恩顿的形象，这奇迹在当时引起了轰动。1926年1月20日的英国《时报》对此做了生动的报道。戴恩顿也没有料到自己不仅成了世界上第一个上电视屏幕的"演员"，而且成为机械电视首次传送试验成功的关键见证人。

1929年，英国伦敦出现了一个爆炸性的新闻：将在大戏院进行电视公开表演。贝尔德选定转播距大戏院23千米的赛马场的实况，赛马在当时是最时髦的。人们争相前往，都以目睹这一奇迹为快。当在简陋的电视机荧屏上摇摇曳曳地出现赛马的现场时，人们大声欢呼，观众的情绪随着赛马场的气氛时起时伏，热烈而又兴奋。

具有科研与商业头脑的贝尔德，紧接着成立了贝尔德电视公司，开始小批量生产、出售机械式电视接收机，正式拉开了电视广播的序幕。由于贝尔德的重要贡献，后人称他为"电视发明的先驱者"，他的名字也随同电视的发展载入史册。

但是，机械电视在清晰度、传播与接收等方面还存在许多未能克服的问题。后来，被称为"电视之父"的美籍俄裔兹沃赖金，于1931年终于完成了光电摄像管的发明，它就是我们现在用的电视摄像机里的主要部件。兹沃赖金1939年在美国无线电公司任职时和他的研究小组一道再次对电子式电视装置进行了改进，使电视技术得到进一步完善。

1940年，美国的戈德马克发明了第一台彩色电视机。彩色电视的荧屏是由红、绿、蓝三种荧光粉组成的，三种颜色混合起来就可以呈现出丰富自然的色彩。

"请看！这是赛马场的实况。"

电视技术正在不断的发展，到现在，不仅有各种尺寸的电视，有超大型的也有超小型的，而且电视正向数字化和高清晰度发展。新的高清晰度电视，图形的分辨率是现在的两倍，还能播放 6 声道立体声伴音。未来的电视机与计算机连成一体，具有家用电脑的功能，千家万户可以通过电视机进入信息高速公路获取各种信息，享受在家里办公、购物的乐趣。

92 锐利的"眼睛"

——雷达

如果我们在山谷里对着大山喊一声，我们就能听到回声，这是声音从对面山上反射回来的。根据回声回来的迟早，我们还能判断远处的山距我们有多远。

雷达的原理和回声是一样的，只是用的不是声音而是电磁波。

早在1887年，德国的物理学家赫兹第一次通过实验验证电磁波存在的时候，就发现电磁波能被一大块金属片反射回来，正如光会被镜面反射一样。

1897年夏天，无线电的发明人之一、俄国的波波夫在波罗的海海面上进行无线电通信实验。他在巡洋舰"非洲"号上发射无线电波，由练习船"欧洲"号接收，两舰之间的距离为5千米。实验时，发现一个奇怪的现象，每当联络舰"伊林中尉"号在两舰之间通过时，电波就中断，这是为什么？

经过反复的思考，波波夫明白了，是联络舰"伊林中尉"号航行到进行实验的两艘舰艇之间的时候，挡住了无线电波。他在工作日记上记载了障碍物对电磁波传播的影响，并提出了利用电磁波进行导航的可能性。这可以说是雷达思想的萌芽。

1901年12月，无线电的又一位创始人，意大利的马可尼提出一种设想，要横越大西洋进行远距离无线电报通信，当时没有一个人相信这件事情会成功。因为无线电波是直线传播，而地球是圆的，电波不会拐弯，怎能到达大西洋的彼岸？

奇怪的事情发生了，实验成功了！大西洋的彼岸收到了无线电的信号。当时物理学家已经具有的无线电波传播理论知识无法解释这一现象。

第二年，美国电气工程师肯内利和英国物理学家海赛德提出了一种新见解，认为无线电信号之所以能绕过地球，被地球的彼岸收到，很可能是在高空大气层中有一层带电的粒子层，带电粒子层就像一面大的金属镜子，将无线电波反射回来了。

1934年，在一位也叫瓦特的英国科学家带领下，开始研究大气层中能反射无线电波的带电粒子层。他们向大气层发射无线电波，并用一个荧屏来接受它，利用发射波和反射波之间的时间差计算反射物体的距离。

有一天，瓦特被荧屏上的一连串的光点所吸引，通过计算发现，这个反射物体不是远在天边，而是距离很近。最后，他终于弄清，这些明亮的光点正是实验室附近一座大楼所反射的无线电回波信号。他高兴极了，一个崭新的想法在他脑子里闪现。

瓦特马上想到，假如空中有一架飞机，是不是也可以把无线电波反射回来呢？

根据上述设想，瓦特和一批英国电机工程师，终于在1935年研制成功了第一部能用来探测飞机的雷达。瓦特发现，发射出去的无线电波的波束应像探照灯光束那样，集中平行地发射出去。无线电波波束在空中扫寻时，如果碰到了飞机，就会立即有电磁波（无线电波）反射回来。发出的电波和反射回来的电波有一个时间差，用这个时间差除以2再乘上电波传播的速度，就是飞机的距离，而回波的方向即为飞机所在的方向。无线电波比声波传播的速度要快上近百万倍，因此可以极为迅速地测得遥远处物体与我们的距离。

虽然第一部雷达仅能探测到10千米外的飞机，但是它是一个了不起的发明。

第二次世界大战一爆发，德国经常派遣大批飞机越海狂轰滥炸英国本土，想以大规模轰炸迫使英国屈膝投降。英国在瓦特建议下，在朝向欧洲大陆的英国沿海地带建造了许多雷达，这是雷达首次投入实战应用，当时的伦敦已能发现 100 千米～200 千米外的入侵敌机。

1940 年 8 月 15 日，发生了第二次世界大战以来最大规模的一次空袭，德国人派出了 800 架飞机对英国南部海岸进行大规模空袭，另派 134 架飞机去袭击英国东北部沿海。英国战斗司令部依靠雷达的判断，决定出在什么地点和在什么时候迎战最有利。当德国轰炸机群刚从西欧的一些基地起飞，还在离英本土 100 海里～200 海里的海面上空时，英国人通过雷达已准确地知道。在德国人猝不及防的情况下，英国皇家空军接受地面战斗司令部的指挥，已飞临远离本土的海空，将德国飞机击落在白浪滔天的大西洋里。

在这次大规模空战中，德国人损失了 105 架飞机，英国空军损失的飞机还不到上述数字的 1/3。近代军事评论家和许多英国人把这次空战的胜利归功于雷达，这个说法未免有些夸张，但雷达在防御敌机入侵方面确实帮了英国的大忙。

1941 年 12 月 7 日，发生一起举世震惊的悲剧——日本偷袭美国珍珠港事件。本来，靠雷达的帮助，是能避免这场悲剧的，但粗心大意的美国军官没有能认真听取雷达站的紧急报告，致使美国付出惨重的代价。

那天凌晨，士兵洛卡德正在练习使用雷达，向珍珠港的天空搜索目标。上午 7 点零 2 分，洛卡德从雷达荧光屏中发现一大群飞机，洛卡德立即用电话报告给上级值班军官。可惜这位军官不经调查分析，将这群入侵的日本飞机误认为是从旧金山起飞的本国 B—17 轰炸机的一次例行飞行而置之不理。半个小时后，日本飞机飞临瓦胡岛，对港内军舰、飞机进行一番狂轰滥炸，将美军装备几乎摧毁殆尽。这次悲剧使人们看到了雷达的作用。

现在，在所有的轮船和飞机上都装有雷达，有的汽车上也安装了雷达。雷达成为驾驶员最明亮的"眼睛"。

卫星上装上雷达可以"看"到许多用肉眼看不见的东西，用雷达可以发现某些地下矿藏和地下建筑。

最近美国科学家汤姆·麦克华发明了能放置在一片指甲大小的半导体芯片内的微型雷达。微型雷达不仅体积小、功耗低，而且能发射出波长更短的波，比传统雷达能更好地穿透诸如水、冰、泥土等，可用于家庭保安、军事侦察、汽车行车预警、人体监护等多方面。

93 融化的巧克力

——微波炉

一天，美国雷西恩公司的珀西·斯潘塞工程师正在全神贯注地做雷达起振的实验。忽然，他的同事看到他胸前的衣兜上渗出暗黑色的血迹，慌忙告诉他："你受伤了，上衣袋那儿渗出血了！"

斯潘塞用手一摸，果然湿糊糊的，脸色立刻变得煞白，可是这时他突然明白了，这不过是一场虚惊，是上衣袋里的巧克力糖融化了。斯潘塞换了一件干净的衬衣又继续工作，但是，口袋里的巧克力糖为什么自己融化了？

当时，斯潘塞正在研究波长为25厘米的电磁波在空间分布的状况，雷达天线正在发射着强大的电磁波。忽然，斯潘塞脑子一亮，一定是微波的作用！

微波是电磁波的一种。现代微波技术认为波长短于1毫米的电磁波属于微波范围，微波最重要的应用是雷达和通信。这次斯潘塞发现的是由于微波而产生的另一性质——微波热效应。在微波场的作用下，巧克力糖便融化了。这种微波热效应与其他热源产生的热量不同。

啊！你胸口流血了

斯潘塞认识到微波热效应可以用来加热食物，他想这种加热食物的方式和传统的加热方式完全不同。当我们在锅里煮一个鸡蛋的时候，热量是从鸡蛋外面慢慢传进去的，当蛋白已经煮老了，蛋黄却还没有煮熟，为了把蛋黄煮熟，就要延长加热时间，还要浪费许多热量。如果用微波加热鸡蛋，鸡蛋在微波的作用下能里外同时热起来，并不需要热量的传递，因此可以节省热量和时间。想到这里，斯潘塞立即动手制作了一个用微波烤肉的灶具，现在我们把它叫做微波炉。

斯潘塞微波炉的原理与其他任何可产生热量加热食物的原理不同。拿今天家庭用的微波炉来说，炉里有一个叫磁控管的电子管，能产生每秒变化 24.5 亿次的微波，微波迫使食品中自由自在、杂乱无章的各个水分子，按照微波电场的方向首尾一致地排列起来，而且微波每秒钟变化几十亿次，水分子也随着这种变化"翻跟斗"几十亿次，食物内水分子这样频繁的规则运动产生大量的热能，使食物变熟。

用微波炉烹饪食物不是用火或电从外面给食物加热，而是由于微波电场使食物内部产生全面的、均匀的热量，所以烹饪的过程没有烟熏火燎，也没有油烟呛人，而且热效率高，食物变熟的速度要比一般的炉灶快4倍～10倍，食物本身的天然色香味得到保持，对维生素的破坏也少。美中不足的是，用微波烹饪食物，只能事先将作料调好，再放入炉里加热，不能用它进行煎、炸一类的加工。

微波可以透过玻璃、陶瓷、塑料等绝缘材料，能量不受损耗；但如遇到铜、铝、不锈钢等金属，就会发生反射，能量无法通过。所以在微波炉内加热食品的餐具，必须使用绝缘材料制作，而不能用金属的器皿。

微波炉加热食物快，而且只对富含水分的食物起作用，而盛食物的瓷盘子却不会被加热，当你从微波炉中取食物的时候，一点也不用担心被盘子烫着手。但是微波对人体有伤害作用，因此，取食物时，一定要关闭微波炉。

美国哈维实验室在一次拆除原子能反应堆混凝土建筑时，由于有放射性，不允许扬起一点儿尘土，于是科学家想到了用微波。混凝土中含有水分，水在微波作用下能变成水蒸气，膨胀的水蒸气会使混凝土炸开，这样在拆除过程中就不会产生任何尘土了。这也是微波热效应的应用。

94　癌症的克星

——微波医疗

一件意外的事情发现了战胜癌症的高温疗法。一次，有一个癌症病人高烧不退，家里人已经为他准备后事了。但是，在高烧退去后，病人的癌肿竟完全消失了。这件怪事引起了医学界的重视，经过研究发现，癌细胞比一般的正常细胞对热更敏感，高烧杀死了癌细胞，这就是高烧后在癌症病人身上发生的奇迹。

高温疗法成为战胜癌症的一种疗法，医生发现温度的控制是十分重要的，不然就会损伤正常的细胞。1975年，德国科学家佩蒂克大胆地使用了一种全身麻醉加热的方法，他把麻醉后的病人放到50℃的石蜡液体中，同时让病人吸入高温气体，使体内达到41.5℃～41.8℃，据说治愈了很多肿瘤病人。

有的癌细胞需要更高的温度才能杀死。例如：热死脑癌细胞的温度值是43.5℃，人体不能长期处在这样的高温下，应该有一种只对癌细胞局部加热的办法才行。用什么方法呢？科学家想到微波炉的原理，当然不能把整个人放在微波下烘烤，那是非常有害的，但可以把微波发生器做得很细很小，然后把它送到有肿瘤的部位。

现在发明了一种极细微的微波发生器，可以从口腔中送到食道里。这种微波发生器可以把食道中的癌细胞杀死，使被堵塞的食道畅通，不必实行大手术；对于前列腺肿大，也可以用类似方法治疗。

还可以把更细微的微波发生器送到血管里，烧去血管管壁的多余物质，使血管内壁变得光滑和富有弹性，这样可以防止血栓的形成。目前，在一些医院里已经可以进行这种手术了。

95 飞机不用燃料

——微波传能

微波的另一个妙用是用它来传递能量。

据说从前美国驻某国大使馆的工作人员经常感到身体不适，却又查不出什么病来，也许是水土不服吧！于是大使馆的工作人员只好轮流定期回国休养。后来由国内派来的电子专家进行使馆内的例行公事检查的时候，发现有一束奇怪的微波，每天定时照射着这个大使馆，大使馆的工作人员由于受到过多的微波照射，才损坏了身体的健康。

为什么总有一束微波来照射这个大使馆呢？

电子专家发现，大厅的一个木雕雄鹰是微波照射的目标。雄鹰是美国的象征，是这个国家为了表示友好送给美国大使馆的，送来后就一直挂在这个会议大厅里。

拆开木雕才发现，原来里面有一个窃听器，这个窃听器没有电源，它的能量是由一束微波反射送过来的，当微波束照射到这个木雕像时，窃听器便开始工作，并把大厅中的声音由这束微波反射送回去，这当然是一种间谍行为，不过它的设计真是太巧妙了。

如果把这个设计思想用到飞机上，在空中飞行的飞机就可以从地面射来的微波束中得到能量。1987年9月，第一架无人驾驶的微波飞机在加拿大渥太华郊外的上空悠然自得地盘旋，它的动力来自飞机肚子下面的圆盘天线。地面有一个像电话亭大小的微波发送站用天线对准这架小飞机，把微波送上天空，飞机接受到微波后，再转化成电力驱动螺旋桨。这样飞机不用加油，可以无限制地在高空飞翔，能完成类似卫星的工作，但是，如果需要飞机不着陆持续不断地做环球飞行，那就需要每隔一二百千米设一个微波发送站，向飞机传递能量。

人们最感兴趣的是，有朝一日用微波的能量把航天飞机送上太空。火箭发射时，大量的能量浪费在火箭本身上，其实一架航天飞机本身并没有多重，用微波发射可以节省20倍的经费。

预计在下个世纪，人类将在月地之间建立一个大型太空城，太空城由于能充分利用太阳能来发电，所以可以通过微波束向地球输送电能。当然，如果飞机或生物穿过微波束的时候会受到严重损害，不过地球上有许多荒无人烟的沙漠，在那些地方建立微波接收站，就可以避免意外事故的发生。

96　计算工具的进展
——算筹、珠算、计算尺

万里长城和大运河是中国古代文明的象征，长城从西至东，在险峻起伏的崇山峻岭之间绵延数千千米；沟通南北的大运河，长达1700多千米。这些伟大的建筑就是现在来建造，也要进行大量的测量、计算、设计。当然啰，现在可以有计算机帮忙，但古代人是怎样完成这些复杂计算和设计的呢？

"运筹帷幄之中，决胜千里之外"，是人们在谋划一件事情时常说的一句话。"运筹"在古代是移动筹码的意思。什么是筹码呢？这是古代的一种计算工具。

我国古代的计算不是用计数文字直接进行的，而是用算筹。在开始的时候掰一些小树枝来计数，这就是最初的算筹。一根小树枝可以代表一头牲畜、一堆谷物等，在地上摆来摆去进行计算。后来树枝变成了外形整齐规则的竹制、铁制、兽牙制的小棍。

古代人用这种算筹进行整数分数的加、减、乘、除、开方等各种运算。例如：南北朝的数学家祖冲之用算筹进行了圆周率的计算。传说，秦始皇的身上经常佩带算袋，有一次他的算袋掉到海里，算袋变成了乌贼，乌贼体内的骨则是算筹变的。

算筹是中国人对计算方法的一大贡献，但是算筹使用的时候也有许多不便之处，如果计算复杂的问题，算筹摆了一大片，容易混乱，后来出现了算盘。

算盘究竟是谁发明的，现在无法查考。有的历史学家认为，算盘的名称最早出现于刘因（1248 年～1293 年）写的《静修先生文集》里。算盘是世界上最早的计算器。

1594 年，苏格兰的纳波尔发明了计算尺，在电子计算机出现以前，几乎每位科学工作者的手里都有一个计算尺。纳波尔所进行的工作是航海和天文方面的，经常和数字打交道，深知复杂的数字计算的艰难，他总想发明一些简单的办法。后来他提出对数的概念，使他一举成名。对数能把乘方、开方计算化为乘除运算，把乘除变成加减，这样一切计算都可以用查对数表的方法用加减法计算。

1620 年，英国的冈特由于天文学计算的需要，发明了世界上第一个能进行乘除计算的计算尺。开

"他为什么玩木棍游戏？"

始出现的计算尺和现在的不同，冈特是在一根半人高约 60 厘米长的尺子上标上对数刻度，然后用两脚规去测量，这样就可免去查对数表的麻烦。后来，尺子越做越长，因为尺子越长越精确。最后，有人建议改用一根约 2 米长的对数尺，两脚规就要一人多高，很不方便。1630 年，英国的数学家奥特雷德建议用两根可以彼此滑动的对数刻度尺，免去使用两脚规的麻烦，真正的计算尺出现了。

到了 1850 年，计算尺的制造业才迅速发展起来，在 20 世纪 70 年代之前，计算尺是工程师、科学家、大学生随身携带必不可少的计算工具。

97　"为了爸爸！"

——机械计算机

计算尺用在工程和科学计算上是很成功的，但是，计算尺是一种模拟计算，对小数点几位后的数目要进行估计。计算尺不能用到会计工作上，会计的计算虽然比较简单，但不能有丝毫的差错。

算盘用于会计很好，直到现在还在使用。西方国家不知道算盘，在电子计算机出现以前，他们用的是一种机械计算机，有的是电动的，有的是手摇的，这是一种齿轮式的机械计算机。

齿轮式的机械计算机首先是法国科学家帕斯卡发明的，帕斯卡的父亲是一位远近有名的税务官和不算有名的数学家，他与许多物理学家、数学家有交往。1623 年，帕斯卡出生，3 岁那年他的母亲去世，于是他的教育都由父亲担任起来。为了使帕斯卡受到良好的教育，他们全家迁居巴黎，在父亲的悉心指导下，帕斯卡的才能很早就显露出来。

"爸爸太辛苦啦!"

帕斯卡 16 岁那一年写出了《圆锥曲线论》一书,并在 1640 年出版。世人皆知的帕斯卡定律为流体力学的研究打下了基础。压强的国际单位——帕,就是以他的名字帕斯卡命名的。

聪慧的帕斯卡看到父亲每天要统计大量的数据,常常彻夜不眠,有时也去帮帮忙。帕斯卡想:"爸爸太辛苦了!"因此生出了发明一种机器替代手工计算的念头,这是他 19 岁时的事情。

为了实现自己的理想,帕斯卡夜以继日地工作,最后终于制成了一个齿轮加法机。设计加法机必须解决许多问题,例如,要把数字显示在面板上,加法机必须会进位,从 0~9 加到 10 时要进到十位,而个位则变成零等。

帕斯卡发明的计算机有 6 个小齿轮,齿轮表面上标有数字 0~9,

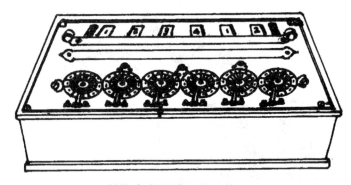

帕斯卡发明的机械计算机

齿轮只能向一个方向转动，齿轮转动的时候，数字会在计算机的面板上发生变化。个位的齿轮转动一周，相邻的十位的齿轮转 1/10 周，这就是进位机构，整个计算机装在一个黄铜的盒子里。

帕斯卡的发明现在看来似乎十分简单，但是当时在国内引起了轰动。在卢森堡宫展出的时候，有许多人去参观，而且至今保存在巴黎国立工业学院的博物馆中。

帕斯卡的计算机原理对以后的计算机有重要影响。德国的数学家莱布尼茨对帕斯卡的加法计算机进行了彻底的改进，使它也能进行乘除。莱布尼茨并没有事事亲自去做，他在巴黎找到一位手艺精湛的钟表师奥利韦，由莱布尼茨出图样，奥利韦来完成，所以莱布尼茨的计算机综合了两位不同专长的优点，在工艺上极为精致，用起来十分轻快；

用"—"和"——"按二进制组成的八卦

而在计算方面，则不仅能进行乘除，还可以乘方、开方。

1673 年，莱布尼茨设计的计算机先后在巴黎、伦敦展出，由于他在计算机方面的出色工作，同年被选为英国皇家学会会员。

莱布尼茨在数学上有许多贡献，他提出了二进制的运算方法，对现代电子计算机的发展有极大的影响。有趣的是莱布尼茨认为二进制最早出现在中国的易经八卦上。1716 年，他在自己的论文《论中国的哲学》中有一节专门讨论了二进制和八卦的关系。易经是中国古代的占卜用书，它用两种符号"—"和"——"组成八卦，这两种符号如果和二进制中的"0"和"1"对应的话，是符合二进制的原理的。

莱布尼茨曾经把他制造的计算机赠送给中国的康熙皇帝。据考证，中国在 1687 年～1722 年自己设计制造了机械计算机，至今还在故宫博物馆里保存着 10 台手摇计算机。

98 "别掉到地板缝里！"

——越来越小的电脑

1946 年，美国宾夕法尼亚大学的莫克利博士和埃克特研制成了埃尼阿克（ENIAC）电子计算机。该计算机能以每分钟计算数千次的速度，为新型的大炮和导弹的研究进行技术鉴定，后来也用于研究氢弹。

埃尼阿克是一个庞然大物，总重量有 30 吨，要一个大礼堂才能放下，肚子里装有 18000 个电子管。它的耗电量惊人，只要它一工作，整个费城的电灯灯光都要黯淡下去，平均 7 分钟就有一个电子管损坏。因而它发出的热也很大，如果当锅炉用，每小时就能烧开 2 吨水。

这台电子计算机在当时是世界上计算速度最快的计算机，比原先最快的一种继电器式计算机快 1000 倍。有人说，它比炮弹跑的还快。其实计算机一步也不跑，为什么这样说呢？

这是说它的"脑子"快。它计算一颗炮弹的速度只用 20 秒钟，而

炮弹本身飞行的时间要 30 秒，这不是跑得比炮弹还要快吗！只有比炮弹跑的快才能鉴定大炮的好坏。

当时，只有英、美制造了几台这样的机器，在大学或研究机关中使用。它的造价也太高了，折合成现在要 200 万美元一台，有人预言全世界有四五台这样的计算机就够了。

实际上当然不是这样，计算机以很快的速度发展。首先是晶体管的出现，晶体管体积小，又省电，立即显示出了它的优越性，于是很快出现了晶体管计算机。第一台用晶体管取代电子管的计算机，1954 年由美国贝尔实验室研制成功，取名"TRADIC"。其中装了 800 个晶体管，经过"换心术"的计算机体积缩小到一个课桌大小，速度从每秒几千次增加到几十万次，寿命也延长了 1000 多倍。用晶体管做的计算机被称为第二代计算机，进步可算很大了。

我们常说："永不满足，是发明的一个重要动力。"第二代计算机比第一代计算机虽然体积缩小了上千倍，但是，人们希望它更小一些。

"如果能在导弹里装一个计算机该多好！导弹就打的更准。"这是空军的想法。

"如果能在汽车里装一台计算机该多好！汽车会更省油。"汽车制造商是这样想的。

‥‥‥‥‥‥

1958 年，在美国德克萨斯仪器公司工作的基尔比，得到国防部交给的任务——进行电子设备微型化的研究。基尔比开始时费尽心机，研究如何把晶体管、电阻、电容尽量做的小一点，线路紧凑一些，封装在一个管壳里，但是屡屡碰壁，基尔比为此十分苦恼。夏天来到了，许多同事到海滨去度假，基尔比还留在实验室里，冥思苦想着他的问题。他开始认识到如果单纯地把元件做小，紧密的连接在一起，是不现实的，因为这种方法成本太高。他认为："创造出来的东西其价格必须能为人们所接受，工程学里包含着经济学。"

必须想一个全新的方法。一天，一个念头突然出现了：为什么不把所有的电路直接焊在半导体的基片上？这个基片本身既是制造电子器件的材料，又是电流的通路，这样可以省去原来晶体管的引线，使电路紧凑。于是他发明了固体电路，并申请了专利。

与此同时，在美国仙童公司工作的诺伊斯也想到了类似的办法，他干脆把晶体管、电阻、电容都做在一块硅片上，这就是集成电路的出现。后来诺伊斯回忆这个发明的时候说："我发明集成电路，那是因为我是一个'懒汉'，当时曾考虑，用导线连接电子元件太费事，我希望越简单越好。"

确实，这是一个好主意，在一块半导体基片上，可以制作几十个、几百个甚至几百万个晶体管，大大缩小了体积。当仙童公司的诺伊斯制成集成电路去申请专利的时候，可惜比基尔比晚了半年。后来法院判决，集成电路的发明专利权属于基尔比，而关于集成电路的内部连接技术专利权属于诺伊斯。1961年，他们二人一起获得"巴伦坦奖章"，这是美国对工程技术人员的最高奖。

集成电路的出现使计算机的体积缩小了许多，价格也减低了。这是第三代计算机。

第四代计算机是把一台计算机做在一块硅片上，制成一个芯片。60年代末期，当诺伊斯在一次会议上宣布芯片计算机时代即将到来的时候，会议的代表都惊得目瞪口呆，其中的一位惊呼："哎哟！我绝不愿意我的整个计算机从地板裂缝中丢掉！"诺伊斯风趣的劝他不必这样担心："你想错了，因为那时你将拥有成百台放在桌子上的计算机，即或丢失一台也无关紧要。"

诺伊斯没有说大话。做在一个芯片上的计算机叫微处理器，也有人称为单片机。现在在洗衣机、电视机、录音机、汽车发动机等里都有微处理器。1968年，美国的一家小公司英特公司的工程师霍夫接受了一家日本公司的任务，为他们生产6种专用芯片。霍夫发现这家公司的设计过于复杂，如果设计几个通用的芯片，不仅能完成专用芯片的任务，稍加改造就可以做别的用途。但是日本人对此不感兴趣，霍夫耐心地对他讲解了微处理器的广阔的发展前途，日方经理终于被说服了，这就是"4004"芯片的诞生。

4004 芯片的能力和当年庞大的第一台埃尼阿克电子计算机相等。1977 年，诺伊斯宣布："一台典型的微处理机要比埃尼阿克快 20 倍，有更大的存储量，可靠性提高了几千倍，耗电仅相当一个普通的灯泡，而不是一台机车。体积仅是埃尼阿克的 1/30000，成本是埃尼阿克的 1/10000。"

制作埃尼阿克计算机花费了 200 万美元（按现价），它的能力现在用 200 美元就可以实现，也就是说埃尼阿克计算机现在的价值不足 200 美元钱了。

4004 芯片是一种 4 位的计算机，也就是说一次只能对 4 个二进制的数进行计算，虽说有上面列举的许多优越性，然而它的能力毕竟是有限的。因此很快又出现了可以一次处理 8 位的芯片，它被称为"8008"。后来又出现了可以同时处理 16 位、32 位的微处理器。芯片的尺寸越来越小，而集成度则越来越高，价格越来越低，性能越来越好。

99　咬了一口的苹果

——个人计算机的出现

二十几年前，如果个人想拥有一台计算机，简直是一种妄想。先想想它的价格，70 年代一台计算机的价格在十几万美元，就是一所大学买起来也有困难；再想想它的体积，计算机除了主机外还有一大堆外围设备，例如：用于输入输出的穿孔机、存储信息的磁带机等要满满的装一个屋子，这种计算机只能呆在科学院里，我们常常称这样的计算机为巨型机。

1975年初，《大众电子学》的封面上刊登了一个奇怪的方盒子，说这是一台计算机，但没有我们现在常在计算机上看到的键盘、屏幕，使用时还要自己加上一些外围设备，当然不一定是键盘和屏幕，因为也可以用别的外围设备代替。和上面所说的巨型计算机相比，这台机器真是一个"小人国"，所以称为微型机，定价621美元，也算便宜。虽然这台机器并不好用，工程技术人员和科学工作者却非常欢迎它，很快就卖出2000台。

在美国的高新技术区——硅谷，有一批年轻的计算机迷，他们成立了称为"自家酿计算机俱乐部"。这个俱乐部的成员1975年3月首次聚集在一个车库里，讨论如何改装出上述的微型计算机。俱乐部里有一个年轻人叫沃兹尼亚克（人称"沃兹"），他没有那么多的钱来买计算机，于是决定自己来做一台，而且要配上键盘和屏幕。

沃兹当时正在大学里念书，但是他对所学课程没有太大兴趣，后来他退了学和同学费尔南兹一起打算自己用因外观不好的处理元件组装一台计算机。沃兹用了20美元买了一片6502微型处理器芯片，自己设计了一块电路板，在电路板上设计了两个接口，通过这两个接口可以和一个屏幕和一个键盘接在一起，这样就构成一台完整的计算机。1976年初，他们在"自家酿计算机俱乐部"展出了自制的计算机，引起参观者极大的兴趣。每一个到会者都想购买一台。与此同时，沃兹还为计算机配套了简单易学的BASIC程序语言，使计算机能为个人使用，从而开创了个人计算机的时代。

后来有位叫乔布斯的年轻人也参加进来。乔布斯是一个颇有经济头脑和开拓精神的人，在中学时为赚钱推销过电子器件。13岁时，他制作电子频率计时器，因缺少一些零件，曾大胆地打电话给惠普公司的一位创始人，请求帮助。乔布斯力劝沃兹集资办一个公司。乔布斯卖掉了自己的大众牌汽车，沃兹卖掉了自己的两台可编程计算器，共筹集了1300美元，用乔布斯家里空了的汽车库当作车间，就这样，苹果电脑

公司诞生了。1976 年，一个电脑商定购了 50 台，他们的电脑开始进入了市场。他们的商标——一个彩虹色的苹果旁边被咬了一口——现在已经变成驰名的商标。

他们的事业获得了成功，1978 年，苹果计算机销售额达 1500 万美元；1979 年达 7000 万美元……5 年后，苹果公司进入美国 500 家主要公司之列。想想看，1976 年时以 1300 美元起家，经过 8 年时间，资产变为 10 亿美元。1982 年，乔布斯本人已拥有 3 亿美元，成为美国 400 个最富有的人中最年轻的一个。

"苹果计算机公司的发展史，是一部十分成功的发迹史。"这是美国《生活》杂志的评论。两个大学没有毕业的学生，为什么能获得这样的成功呢？

原因是多方面的。乔布斯和沃兹是一对很好的搭档，沃兹是一个研究型人才，乔布斯则很有经营头脑。另外他们抓住了大公司对个人计算机毫无兴趣的时机，他们曾经请惠普公司看过苹果计算机，惠普认为不错，但是这种计算机太简单，大公司生产这样简单的产品并不合适。所以，乔布斯和沃兹只好自己干，他们成为个人计算机的领头兵，独自占领了这个市场许多年。到了 1980 年，实力雄厚的 IBM 公司才幡然悔悟宣布进入个人计算机市场，1981 年 8 月 12 日推出了第一种个人计算机，一般称 IBM—PC（PC 是个人和计算机英文的两个字头），就在这样大的公司的竞争下，苹果公司的当年利润仍为 5.83 亿美元。

从此，个人计算机的市场展开了激烈的竞争，产品不断的翻新，计算机的速度越来越快，价格也越来越低。多媒体计算机的出现为我们的工作带来了方便，为生活增添了光彩。新计算机的层出不穷，使我们进入一个不可思议的信息时代。